Terre à portée de main

La valse des continents

Patrick De Wever & Francis Duranthon

edp sciences

Dans la même collection :

L'eau de la vie, P. De Wever, 2015, ISBN : 978-2-7598-1189-2.

Collection « La terre à portée de main »
dirigée par Patrick De Wever

Cette collection, dont les textes sont ponctués d'anecdotes, de petites questions et richement illustrés, est destinée à un très large public. Elle a pour vocation de présenter et de donner des notions très abordables en géologie sur les phénomènes et constituants de notre planète.

Imprimé en France
ISBN : 978-2-7598-1182-3

Remerciements

Nous tenons à remercier pour leurs photos Jean-Marie Rouchy, Jacques-Marie Bardintzeff, Augustin Pujol, Éric Sanson et surtout Laurent Carpentier et Brigitte Gonzalez pour des prises de vue dédiées ; la CCGM pour nous autoriser à reproduire l'échelle des temps géologiques ; Annie Cornée pour son aide aussi discrète qu'efficace. Laurent Jolivet, Monica Rotaru nous ont fait bénéficier d'une relecture critique du manuscrit.

Nous devons à Alexandre Lethiers la qualité des dessins, toujours réalisés avec célérité et une inébranlable bonne volonté.

Sommaire

CHARTE STRATIGRAPHIQUE INTERNATIONALE

IUGS

www.stratigraphy.org

International Commission on Stratigraphy

Éon	Ère	Système	Série	Étage	GSSP	Âge (Ma)
						présent
Phanérozoïque	Cénozoïque	Quaternaire	Holocène		✓	0.0117
			Pléistocène	Supérieur		0.126
				Moyen		0.781
				Calabrien	✓	1.806
				Gélasien	✓	2.588
		Néogène	Pliocène	Plaisancien	✓	3.600
				Zancléen	✓	5.333
			Miocène	Messinien	✓	7.246
				Tortonien	✓	11.62
				Serravallien	✓	13.82
				Langhien		15.97
				Burdigalien		20.44
				Aquitanien	✓	23.03
		Paléogène	Oligocène	Chattien		28.1
				Rupélien	✓	33.9
			Éocène	Priabonien		38.0
				Bartonien		41.3
				Lutétien	✓	47.8
				Yprésien	✓	56.0
			Paléocène	Thanétien	✓	59.2
				Sélandien	✓	61.6
				Danien	✓	66.0
	Mésozoïque	Crétacé	Supérieur	Maastrichtien	✓	72.1 ±0.2
				Campanien		83.6 ±0.2
				Santonien		86.3 ±0.5
				Coniacien		89.8 ±0.3
				Turonien	✓	93.9
				Cénomanien	✓	100.5
			Inférieur	Albien		~ 113.0
				Aptien		~ 125.0
				Barrémien		~ 129.4
				Hauterivien		~ 132.9
				Valanginien		~ 139.8

Éon	Ère	Système	Série	Étage	GSSP	Âge (Ma)
						145.0 ± 0.8
Phanérozoïque	Mésozoïque	Jurassique	Supérieur	Tithonien		152.1 ±0.9
				Kimméridgien		157.3 ±1.0
				Oxfordien		163.5 ±1.0
			Moyen	Callovien		166.1 ±1.2
				Bathonien	✓	168.3 ±1.3
				Bajocien	✓	170.3 ±1.4
				Aalénien	✓	174.1 ±1.0
			Inférieur	Toarcien		182.7 ±0.7
				Pliensbachien	✓	190.8 ±1.0
				Sinémurien	✓	199.3 ±0.3
				Hettangien	✓	201.3 ±0.2
		Trias	Supérieur	Rhétien		~ 208.5
				Norien		~ 228
				Carnien	✓	~ 235
			Moyen	Ladinien	✓	~ 242
				Anisien		247.2
			Inférieur	Olénékien		251.2
				Induen	✓	252.2 ±0.5
	Paléozoïque	Permien	Lopingien	Changhsingien	✓	254.2 ±0.1
				Wuchiapingien	✓	259.9 ±0.4
			Guadalupien	Capitanien	✓	265.1 ±0.4
				Wordien	✓	268.8 ±0.5
				Roadien	✓	272.3 ±0.5
			Cisuralien	Kungurien		279.3 ±0.6
				Artinskien		290.1 ±0.1
				Sakmarien		295.5 ±0.4
				Assélien	✓	298.9 ±0.2
		Carbonifère	Pennsylvanien Supérieur	Gzhélien		303.7 ±0.1
				Kasimovien		307.0 ±0.1
			Pennsylvanien Moyen	Moscovien		315.2 ±0.2
			Pennsylvanien Inférieur	Bashkirien	✓	323.2 ±0.4
			(…)ssissippien Supérieur	Serpukhovien		330.9 ±0.2
			(…)ssissippien Moyen	Viséen	✓	346.7 ±0.4

Éon	Ère	Système	Série	Étage	GSSP	Âge (Ma)
						358.9 ± 0.4
Phanérozoïque	Paléozoïque	Dévonien	Supérieur	Famennien	✓	372.2 ±1.6
				Frasnien	✓	382.7 ±1.6
			Moyen	Givétien	✓	387.7 ±0.8
				Eifélien	✓	393.3 ±1.2
			Inférieur	Emsien	✓	407.6 ±2.6
				Praguien	✓	410.8 ±2.8
				Lochkovien	✓	419.2 ±3.2
		Silurien	Pridoli		✓	423.0 ±2.3
			Ludlow	Ludfordien	✓	425.6 ±0.9
				Gorstien	✓	427.4 ±0.5
			Wenlock	Homérien	✓	430.5 ±0.7
				Sheinwoodien	✓	433.4 ±0.8
			Llandovery	Télychien	✓	438.5 ±1.1
				Aéronien	✓	440.8 ±1.2
				Rhuddanien	✓	443.4 ±1.5
		Ordovicien	Supérieur	Hirnantien	✓	445.2 ±1.4
				Katien	✓	453.0 ±0.7
				Sandbien	✓	458.4 ±0.9
			Moyen	Darriwilien	✓	467.3 ±1.1
				Dapingien	✓	470.0 ±1.4
			Inférieur	Floien	✓	477.7 ±1.4
				Trémadocien	✓	485.4 ±1.9
		Cambrien	Furongien	*Étage 10*		~ 489.5
				Jiangshanien	✓	~ 494
				Paibien	✓	~ 497
			Séries 3	Guzhangien	✓	~ 500.5
				Drumien	✓	~ 504.5
				Étage 5		~ 509
			Séries 2	*Étage 4*		~ 514
				Étage 3		~ 521
			Terreneuvien	*Étage 2*		~ 529
				Fortunien		

Éon	Ère	Système	GSSP / GSSA	Âge (Ma)
				~ 541
Précambrien — Protérozoïque	Néo-protérozoïque	Édiacarien	✓	~ 635
		Cryogénien	GSSA	850
		Tonien	GSSA	1000
	Méso-protérozoïque	Sténien	GSSA	1200
		Ectasien	GSSA	1400
		Calymmien	GSSA	1600
	Paléo-protérozoïque	Stathérien	GSSA	1800
		Orosirien	GSSA	2050
		Rhyacien	GSSA	2300
		Sidérien	GSSA	2500
Précambrien — Archéen	Néo-archéen		GSSA	2800
	Méso-archéen		GSSA	3200
	Paléo-archéen		GSSA	3600
	Éoarchéen		GSSA	4000
Précambrien	Hadéen			~ 4600

La définition de la limite inférieure de chaque unité formelle par un point précis dans la coupe d'un stratotype de limite global (GSSP-Global Boundary Stratotype Section and Points) est actuellement en cours, y compris celle des unités de l'Archéen et du Protérozoïque, auparavant définie par des âges absolus (GSSA-Global Standard Stratigraphic Ages).

Les chartes et des informations plus détaillées sur les GSSP sont disponibles sur le site web de l'International Commission on Stratigraphy (ICS) **www.stratigraphy.org**.

Les âges numériques sont sujets à révision et ne définissent pas les unités du Phanérozoïque et de l'Édiacarien; seuls les GSSP le font. Pour les limites du Phanérozoïque qui n'ont pas de GSSP ratifiés ou des âges numériques calibrés, un âge numérique approximatif (~) est indiqué.

Les âges numériques de tous les systèmes à l'exception du Trias, Crétacé et Précambrien sont tirés du livre *"A Geologic Time Scale 2012"* par Gradstein *et al.* (2012) ; ceux du Trias et du Crétacé ont été définis par les subcommissions de l'ICS.

CCGM CGMW

Les couleurs suivent l'usage de la Commission de la Carte Géologique du Monde (CCGM).
http://www.ccgm.org

Introduction

Notre Terre nous apparaît généralement comme un ensemble vert et vallonné. On l'envisage volontiers comme un havre de quiétude, fleuri, bucolique, ensoleillé… Bien sûr, on est conscient qu'il y a des saisons pluvieuses et venteuses, froides, moins agréables. On n'ignore pas non plus, qu'ici et là, des catastrophes naturelles la rendent moins hospitalière. Ces désagréments s'appellent glissements de terrains, séismes et volcans.

On a appris que ces manifestations résultaient de ce que la Terre est active. On a du mal à saisir cette vie mais il nous faut pourtant l'admettre car les preuves sont là ! Ainsi donc, cette immobilité des paysages n'est qu'une apparence liée à l'échelle du temps humain qui se compte en années, en décennies.

Nous avons, il est vrai, du mal à imaginer un temps qui n'est pas à l'échelle de l'homme. Mais nous-mêmes ne semblons-nous pas éternels pour une mouche ? Nul autre ne fit mieux ressortir cette différence de perception que Fontenelle, en 1686, avec sa célèbre parabole des roses qui s'étonnaient, génération après génération, de voir un jardinier qui leur paraissait immuable se pencher sur elles : « Si les roses, qui ne durent qu'un jour, faisaient des histoires et se laissaient des mémoires les unes aux autres, les premières auraient fait le portait de leur jardinier d'une certaine façon… les autres, qui l'auraient encore laissé à celles qui devaient suivre, n'y auraient rien changé. Sur cela, elles diraient : nous avons toujours vu le même jardinier ; de mémoire de rose on n'a vu que lui… assurément il ne meurt point comme nous ; il ne change seulement pas »[1].

Il avait ainsi illustré l'insignifiance de la vie humaine au regard de la très lente évolution des éléments de la Terre. Une métaphore avec des insectes nous est aussi offerte par Jean-Baptiste Lamarck[2] en 1802 : « Il me semble entendre ces petits insectes qui ne vivent qu'une année, qui habitent quelque coin d'un bâtiment, et que l'on supposerait occupés à consulter parmi eux la tradition, pour prononcer sur la durée de

1. Fontenelle, Bernard Le Bovier de (1686). « Entretiens sur la pluralité des mondes », nombreuses rééditions d'environ 200 pages.

2. Lamarck, Jean-Baptiste (1802-1806). Mémoires sur les fossiles des environs de Paris, comprenant la détermination des espèces qui appartiennent aux animaux marins sans vertèbres et dont la plupart sont figurés dans la collection des vélins du Muséum. – Mollusques testacés dont on trouve les dépouilles fossiles dans les environs de Paris, Annales du Muséum national d'Histoire naturelle. Volumes I - VIII, 284 pages.

l'édifice où ils se trouvent : remontant dans leur chétive histoire jusqu'à la vingt-cinquième génération, ils décideraient unanimement que le bâtiment qui leur sert d'asile est éternel et qu'il a toujours existé ; car ils l'ont toujours vu le même, et ils n'auront entendu dire qu'il ait un commencement. ». Au non changement perceptible, Lamarck ajoute un élément important : on suppose que le lieu a toujours existé.

L'Homme, face à la nature, semble avoir ce comportement, il semble nier l'existence de ce qu'il ne perçoit pas avec ses sens, et pourtant... les montagnes bougent, la Terre n'est pas immobile mais active, elle change sans arrêt, même les continents, si immenses soient-ils, se déplacent dans un gigantesque ballet. C'est ce que nous proposons d'envisager ici.

1 Qu'est-ce que la Terre ?

Sa formation

Le soleil et les planètes sont nés il y a quelques 4 600 millions d'années d'un amas de poussières et de gaz (la nébuleuse primitive). Cette nébuleuse s'est effondrée sur elle-même (*Fig. 1a*), et parce qu'elle tournait sur elle-même, elle a pris la forme d'un disque (*Fig. 1b*). La contraction de la matière, en son centre, a porté sa température à plus de 10 millions de degrés et déclenché des réactions (thermonucléaires) qui ont conduit à une étoile : le Soleil.

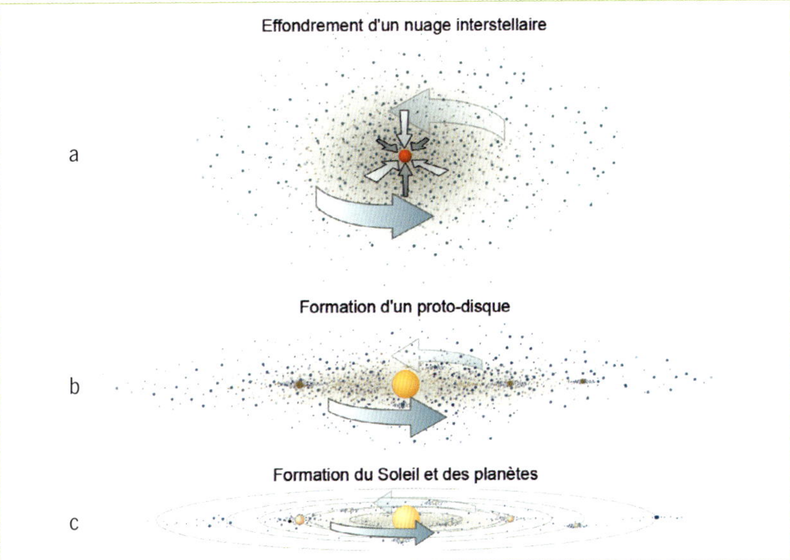

Fig. 1 • Formation du système solaire.
a. Un nuage interstellaire en rotation, amas de poussières et de gaz, s'effondre pour former un globule.
b. Comme l'ensemble tourne sur lui-même, sa contraction fait augmenter la vitesse de rotation (comme au patinage artistique) et une préfiguration d'un disque (un proto-disque) se forme autour d'un proto-Soleil.
c. Les éléments en rotation autour du jeune Soleil s'agglomèrent, les planètes se forment.

Les autres matériaux du disque se sont progressivement agglomérés, formant des éléments de plus en plus gros. La Terre, et les autres planètes du système solaire se sont alors formées (*Fig. 1c*). Ce processus a duré quelques centaines de millions d'années. Tous les corps du système solaire ont subi un énorme bombardement météoritique dans les premiers 600 millions d'années de leur existence. Ce bombardement a progressivement diminué mais la Terre reçoit encore aujourd'hui près de 500 tonnes de météorites par jour[3] (*Fig. 2*).

Des traces de ce bombardement sont bien visibles sur la Lune car elles n'ont pas été gommées par l'érosion, notamment par l'action de l'eau. En effet, si l'on ne dénombre qu'une centaine de cratères encore visibles à la surface de la Terre, c'est que la majorité d'entre eux a été effacée soit par érosion, soit par sédimentation, soit à cause de la tectonique des plaques qui a fait disparaître la plaque (ou la partie de plaque) qui les portaient.

© Augustin Pujol

Fig. 2 • La météorite dite « de Saint-Sauveur » tombée à Saint-Sauveur le 10 juillet 1914 à 15 heures.
Taille 27×14×19,5 cm, pour un poids d'environ 14 kg. Coll. Muséum de Toulouse. On distingue la partie externe, en partie vitrifiée, fondue lors de la chute, de la partie interne apparente là où la météorite est légèrement cassée.

3. Selon les estimations, les chiffres vont de 100 à 1 000 tonnes/jour, principalement sous forme de poussières.

Sa structuration

La jeune Terre qui vient de se former est une boule incandescente. Les éléments les plus denses comme les métaux (fer…) s'enfoncent alors que les plus légers (calcium, silicium, gaz) remontent en surface (*Fig. 3*). Ainsi, se différencie une partie profonde très métallique d'une partie superficielle constituée d'éléments plus légers (avec la silice, le carbone, l'oxygène, l'hydrogène…). Puis, la Terre refroidit lentement, une croûte se forme. Depuis lors, la Terre, tout doucement refroidit et de ce fait, la partie interne solide, tout doucement augmente de taille.

Plusieurs planètes qui se sont formées en même temps que la Terre sont constituées de gaz (hydrogène libre et hélium, comme Jupiter). Les planètes formées de roches solides (dites telluriques, comme Mercure, Vénus, Terre, Mars) ne comportent que très peu de ces gaz. Trois de ces planètes (Mercure, Vénus, Mars) ont une masse trop faible pour posséder un champ gravitationnel suffisant pour retenir les éléments gazeux les plus légers. Ces gaz ont été poussés par le vent solaire vers l'extérieur du système solaire et captés par les planètes externes gazeuses.

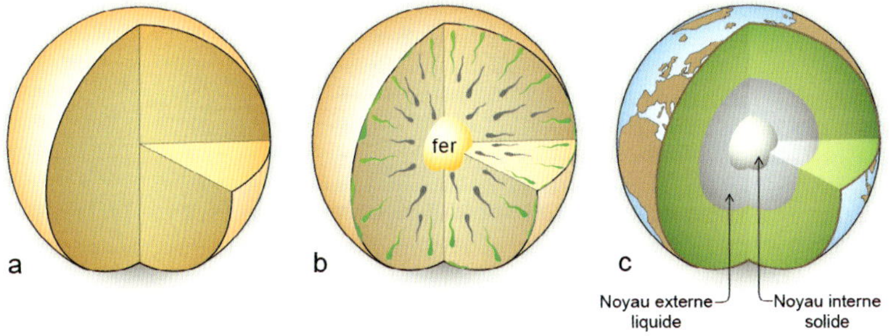

Fig. 3 • La Terre se structure en noyau, manteau et croûte.
a. La Terre primitive était un mélange incandescent homogène sans continent, sans océan, ni croûte, ni manteau, ni noyau.
b. Dans ce mélange, les éléments les plus denses vont vers le centre (les têtards gris sombre) alors que les plus légers (têtards verts) remontent en surface.
c. Il en résulte une sphère zonée avec un noyau métallique dense, surtout du fer (en gris), un manteau silicaté (en vert) et une fine croûte légère.

Ses premières années

La jeune Terre est inhospitalière. Elle perd énormément de chaleur, ses grands déplacements de matière sont d'abord verticaux et horizontaux. La Terre, lors de sa formation, était couverte d'une sorte d'océan de magma extrêmement chaud. Cette phase quasi infernale a duré un peu plus de 500 millions d'années. Ici et là, des roches ou de l'eau pouvaient exister sans forcément rester longtemps sous cette forme. Ensuite, pendant une période qui a duré près de 1 500 millions d'années, le fonctionnement de la Terre était encore majoritairement marqué par la perte de chaleur. Le dégagement de chaleur se fait, le plus efficacement, au niveau de grandes déchirures qui forment des dorsales océaniques et par lesquelles le magma arrive en surface. À cette époque, les dorsales sont donc très longues et délimitent de nombreuses plaques, près de 3 000. Celles-ci sont bien plus petites que celles d'aujourd'hui, à savoir quelques 300-400 kilomètres de large (*Fig. 4, 6*) contre plusieurs milliers de kilomètres actuellement (on n'en compte plus que 15).

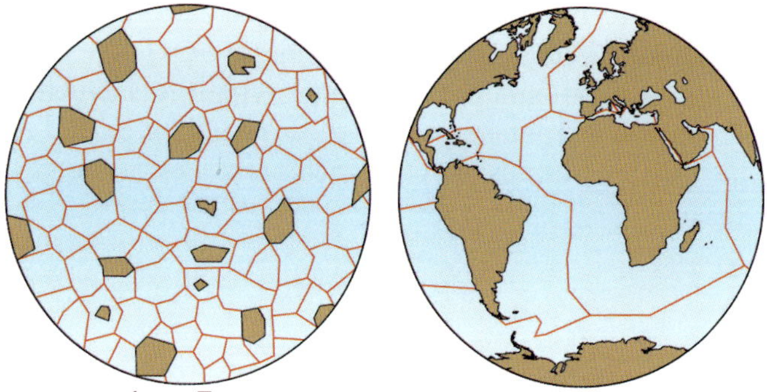

Fig. 4 • Représentation des plaques, petites et nombreuses, de la Terre quand elle était jeune (il y a environ trois milliards d'années) et celles d'aujourd'hui.

Des laves qui sont remontées des profondeurs refroidissent à la surface. Comme tout matériau, en refroidissant, elles deviennent plus denses, bien plus que les roches sur lesquelles elles reposent. Elles finissent alors par s'enfoncer verticalement formant une sorte de poche, une sorte de goutte qui descend.

Cette période initiale se caractérise de deux manières :

1. les roches alors formées[4] ne se formeront plus par la suite. En effet, la Terre étant alors plus chaude qu'aujourd'hui, le refroidissement a été plus brutal, ce qui a généré des structures très particulières (spinifex pour les spécialistes) ;

4. Elles sont appelées komatiites (du nom de la rivière Komati, où on les décrit la première fois) et TTG, pour tonalite, trondhjémite et granodiorite).

2. les grands mouvements en surface sont horizontaux, avec les petites plaques qui se déplacent, mais aussi verticaux, avec les poches qui s'enfoncent faisant remonter du manteau en leur bordure (*Fig. 5, 6*). Par la suite, l'effondrement de ces bourses ne se fera plus non plus. Ainsi disparaîtra un style tectonique marqué par la verticalité. En surface, seuls subsisteront les grands mouvements horizontaux, qui marquent les déplacements importants observés dans les chaînes de montagnes.

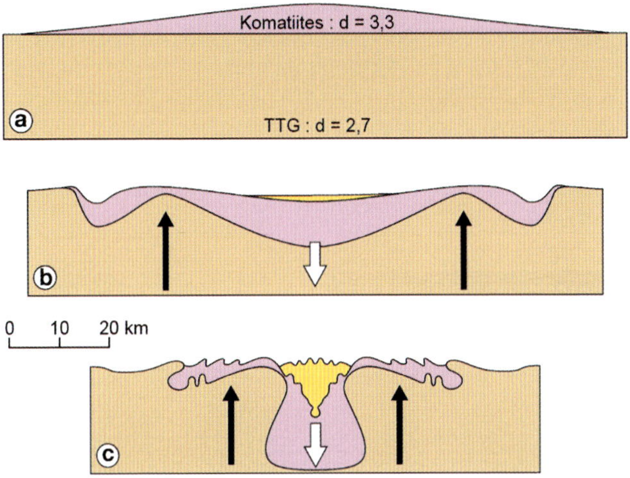

Fig. 5 • Illustration des mouvements verticaux qui affectent la surface terrestre dans sa jeunesse (sagduction).
a. Des laves (komatiites, en violet) se mettent en place, s'écoulent sur une croûte continentale. Très denses (densité de 3,3), elles surmontent des roches de type granitique (faites de tonalite- trondhjémite-granodiorite – TTG, en marron), moins denses (densité de 2,7).
b. Sous le seul effet de leur poids, les laves s'enfoncent dans la croûte continentale en créant, en leur centre, une dépression où se déposent éventuellement des sédiments (en jaune).
c. En réaction, cet enfoncement favorise une remontée de la croûte[5].

5. Adapté de H. Martin *et al.*, sous presse, d'après Gorman *et al.*, 1978.

Au début, la Terre est un enfer !

Le premier âge de la Terre (de - 4 568 – 4 000 millions d'années) tire son nom de Hadès, dieu de l'enfer, chez les grecs. Ce nom a été choisi parce qu'au tout début de sa formation, notre planète n'était qu'une sorte de vaste océan de magma en fusion. En effet, les chocs répétitifs, lors des impacts des météorites qui s'accumulaient, ont dégagé une telle énergie que la température dépassait le millier de degrés.

De cette « petite enfance » de la Terre, nous ne savons que peu de choses car elle ne nous a pas laissé beaucoup de témoins. On ne connaît des roches de cet âge qu'en quelques endroits des vieux boucliers : Isua, au nord-ouest du Groenland, Acasta au nord-ouest du Canada ou Jack Hills, à l'ouest de l'Australie. Grâce à certains minéraux retrouvés, on sait que des roches se sont formées et que de l'eau était présente. Sans doute qu'une atmosphère existait, peut-être même que la vie avait commencé à voir le jour, mais tout cela subira un bombardement tellement violent, vers 4 000 millions d'années, que la chaleur ainsi produite en effacera toutes traces.

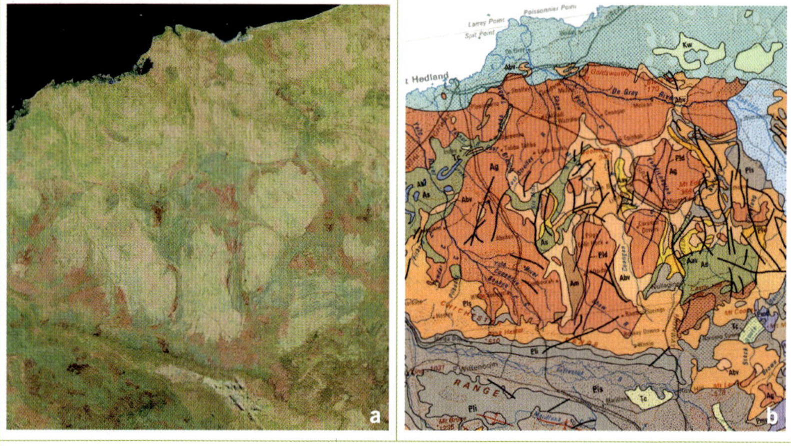

Fig. 6 • Région de Pilbara, nord-ouest de l'Australie.
a. Image satellite, dont les terrains, âgés d'un peu plus de trois milliards d'années, laissent encore apercevoir la structure en toutes petites plaques d'une centaine de kilomètres, claires, de roches de type granitique (TTG), entourées de roches vertes, zones vert-bleutées et rosâtres sur la photo. La partie noire correspond à l'Océan.
b. Extrait de la carte géologique du même secteur. Les roches granitiques sont en rouge, les roches vertes en vert et marron. On note la bonne concordance entre la photo satellite et la carte géologique.

Un virage dans le fonctionnement de la planète

Il y a près de 2,5 milliards d'années, la Terre adopte un fonctionnement proche de l'actuel. Seuls les mouvements horizontaux se poursuivent. La Terre ne produit plus les mêmes roches.

Les échanges thermiques entre son intérieur et l'extérieur continuent, mais les mouvements semblent apaisés. Les remontées de bouffées de chaleur se manifestent en surface par des arrivées de magma et l'épanchement de basaltes à la limite entre des plaques qui s'écartent alors. Comme la Terre a une taille stable, si des éléments s'écartent à un endroit, d'autres doivent se rapprocher ailleurs. C'est la raison pour laquelle des plaques se chevauchent, ici et là, l'une passant sous l'autre.

Un intérieur très chaud

On a remarqué, depuis longtemps, que plus on descend dans les entrailles de la Terre, plus la température s'élève, d'environ 1 °C tous les 30 m. C'est la raison pour laquelle dans les mines profondes, vers 1 000 m, il est nécessaire de ventiler, voire de réfrigérer l'air, sinon la température y serait proche de 60 °C.

La température de l'intérieur de la Terre est élevée pour plusieurs raisons :

- la Terre a été formée par l'accumulation de corps célestes qui s'y sont écrasés. Chaque impact a dégagé une certaine quantité de chaleur qui s'est ainsi accumulée (il suffit d'applaudir avec enthousiasme pour s'apercevoir que les mains chauffent) ;
- parmi les éléments cristallins qui constituent la Terre, on compte nombre de corps radioactifs (uranium par exemple) qui, lorsqu'ils se désintègrent, produisent une grande quantité de chaleur (nos centrales nucléaires en attestent) ;
- le noyau, constitué de fer et nickel, comprend une partie interne solide et une partie externe liquide. Tout doucement, la partie liquide cristallise libérant ainsi de l'énergie dite « chaleur latente de cristallisation ». La chaleur latente de cristallisation contribue, elle aussi, quoique de manière modeste, à la production de chaleur interne ;
- la Lune crée des marées, bien visibles avec l'eau mais qui existent aussi, de façon moindre, pour la terre ferme. Ces mouvements libèrent de l'énergie, aujourd'hui modeste, mais qui était bien plus importante lorsque la Lune était plus proche de la Terre.

QU'EST-CE QUE LE DEGRÉ GÉOTHERMIQUE ?

L'intérieur de la Terre étant plus chaud que l'espace, la chaleur a tendance à s'en échapper à travers la croûte terrestre. Il existe donc, dans la croûte, un gradient de température, plus on creuse, plus il fait chaud.

Cette énergie est parfois exploitée pour chauffer ou disposer d'eau chaude et ce, depuis des millénaires en Chine, dans la Rome antique et le bassin méditerranéen. Plus récemment, elle est utilisée pour produire de l'électricité (à Bouillante, en Guadeloupe ou à Soultz, en Alsace). Grâce à cette production de chaleur, l'Islande est peut-être le seul pays au monde à avoir trop d'énergie !

Sa structure

Aujourd'hui, la Terre est structurée en couches concentriques qui se distinguent par leur composition chimique et leur déformabilité.

Seul le noyau externe est liquide, le noyau interne (la graine), le manteau et la croûte sont rigides (*Fig. 7*). Le manteau est représenté en vert sur la figure 7 du fait que ses roches sont vertes en raison de leur contenu important en minéraux verts (olivine). Il n'est pas représenté en rouge comme ce fut longtemps fait car cette couleur laissait croire que le manteau était sous forme de magma, ce qui n'est pas le cas.

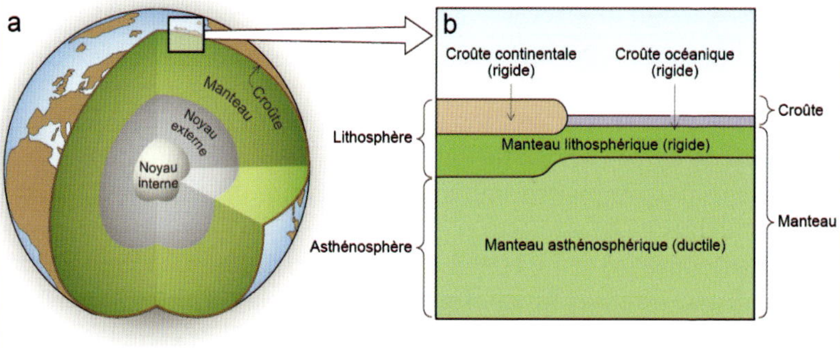

Fig. 7 • Structure de la Terre
a. La coupe met en évidence la structure concentrique de la planète Terre.
b. Détail de la partie superficielle permettant d'expliciter les différences entre croûte/manteau et lithosphère/asthénosphère. La croûte est rigide ainsi que la lithosphère. Le manteau comprend une partie rigide et une partie plus profonde ductile. L'asthénosphère est ductile (d'où son nom d'ailleurs : asthenos = faible, sans résistance).

Le manteau ne devient relativement liquide que lorsqu'il arrive en surface et que la pression diminue. De plus, au moment de son épanchement, il s'oxyde, ce qui augmente sa température.

La croûte continentale, rigide, est constituée de roches granitiques riches en silice dont la densité est de l'ordre de 2,7 (*Fig. 8a*). Elle est donc plus légère que la croûte océanique et de ce fait demeure en surface.

La croûte océanique représente la partie supérieure, rigide, du manteau. Elle est constituée de basalte, serpentinite, gabbros… Riche en fer et magnésium, sa densité est proche de 3 (*Fig. 8b*).

Fig. 8 • Roches de croûtes continentale et océanique.

a. La croûte continentale comporte une majorité de granites, constitués principalement de trois types de minéraux : quartz (gris), mica noir et feldspath (rose) sur ce granite de La Clarté (Bretagne).

b. La croûte océanique comporte beaucoup de roches riches en olivine qui ont été altérées par des fluides hydrothermaux et prennent alors une allure de peau de serpent, d'où leur nom de serpentinite. Ces roches sont souvent utilisées pour des tables de comptoirs ou en parement, comme sur la photo d'un bâtiment à Étampes.

PARADOXAL : on dit que la température augmente avec la profondeur, pourtant dans les grottes que l'on visite il fait froid !

Fig. 9 • L'eau creuse parfois des grottes dans lesquelles la température avoisine les 13 °C, du fait de la température moyenne dans nos régions.
Canyon souterrain géant dans la grotte de Luhedong, Géopark de Leye-Fengshan, Guangxi, Chine. Expédition Fengshan 2014.

La différence de température entre le jour et la nuit peut être très importante dans la rue ou le jardin quand le soleil a dardé ses rayons. À l'intérieur de la maison, la différence est moindre mais se fait sentir. Dans la cave, cette différence est encore plus faible. En fait, plus un lieu est isolé de la surface terrestre plus sa température est constante. Effectivement, dans les grottes de nos régions, la température avoisine les 13,5/14 °C, ce qui correspond à la température moyenne au cours d'une année. Voilà pourquoi lors de la visite d'une grotte en été, on trouve qu'il y fait frais (*Fig.9*). Si on s'y rendait alors qu'il neige... on n'aurait pas la même impression. Le gouffre de Padirac, par exemple, est très profond, mais il ne fait guère que 103 mètres, c'est-à-dire que le fond est encore à 236 mètres au-dessus du niveau de la mer.

Si on descendait par une conduite non aérée (pour éviter les pertes de chaleur), il faudrait descendre à 600 mètres de profondeur pour trouver une température équivalente à celle de nos vacances... pour les amateurs de plages ensoleillées s'entend !

2 Qu'est-ce qui fait bouger les plaques ?

La Terre n'est pas un simple « gros caillou » figé. Elle a une histoire et un fonctionnement qui expliquent sa structure. Sa surface montre une mosaïque de plaques en mouvement qui semblent répondre à une certaine organisation. La question est alors de savoir quel est le moteur des ces déplacements.

Les échanges thermiques : un moteur possible

La Terre échange de la chaleur avec l'espace. Cela se fait au travers des déplacements de matière à l'intérieur du globe et, par répercussion, en surface. Par conséquent, de gigantesques volumes sont animés de courants au sein du manteau terrestre.

On connaît deux moyens simples d'échanger de la chaleur dans la matière : par conduction et par convection.

Dans le cas de la conduction, les échanges se font par simple migration de calories, sans qu'il y ait un échange de matière. Si vous tenez un tisonnier dans le feu, vous vous apercevez vite que votre main a chaud alors que le tisonnier n'a pas changé. Cette transmission est expliquée sur la *figure 10*.

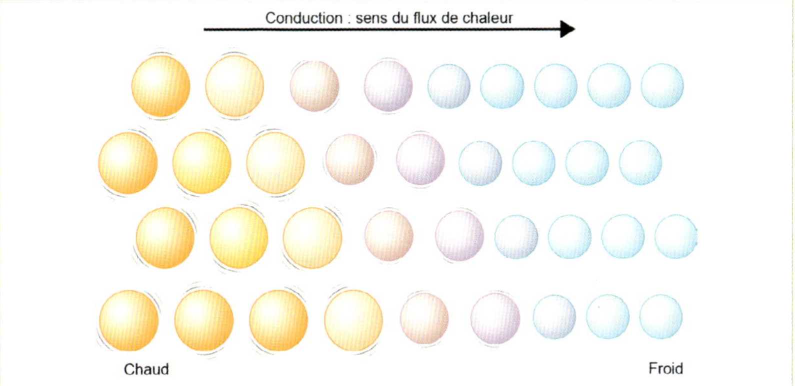

Fig. 10 • Transmission du flux de chaleur dans un solide par conduction. L'énergie thermique d'un matériau se manifeste par une vibration de ses atomes. La partie gauche, chaude, montre des atomes très agités. Ils occupent donc un volume plus important (la dilatation). Cette agitation se transmet progressivement vers les voisins, la chaleur est ainsi communiquée des régions chaudes vers les froides.

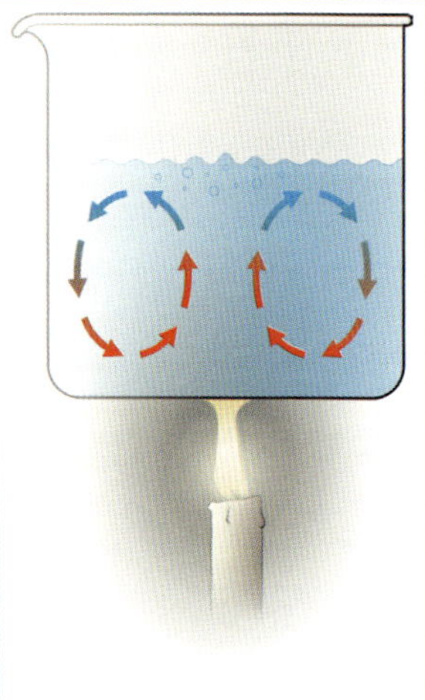

Fig. 11 • Dans un récipient maintenu sur un feu doux, se mettent en place des circulations (courants de convection), des courants ascendants qui apportent en surface la matière chaude. Elle s'y refroidit et devient alors plus dense, ce qui la conduit à replonger vers le fond.

Dans le cas de la convection, les échanges de chaleur se font par le déplacement de matière. Si on laisse une soupe épaisse sur un feu doux (*Fig. 11*), on remarque qu'en surface, se dessinent tout doucement un certain nombre de petits polygones. Les parties chaudes, moins denses, remontent du fond. Elles refroidissent en surface, deviennent plus denses et replongent. Quand la température est très faible, les polygones sont de grande taille. Quand la température est légèrement plus élevée, ils sont plus petits.

Au niveau de la Terre, les mêmes processus sont évoqués, la matière, dilatée, moins dense, remonte. Elle se refroidit en surface, redevient plus dense et coule donc (*Fig. 12*). Le problème est néanmoins un peu plus compliqué car le manteau n'est pas homogène ; il présente des discontinuités de composition et de structure, ce qui influe sur la taille des cellules de convection et sur le trajet des échanges de matière.

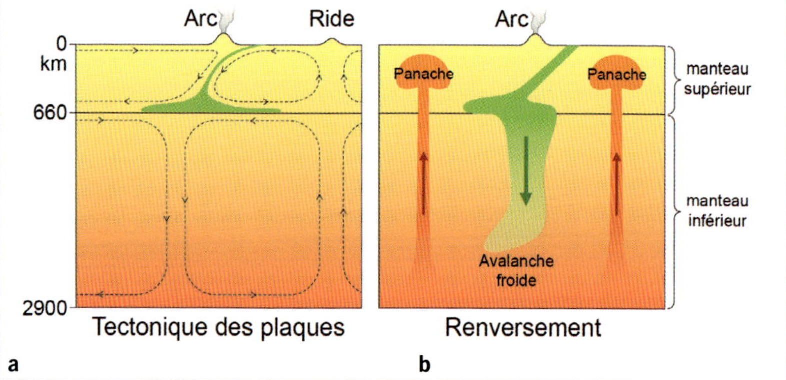

Fig. 12 • Coupes du manteau.
Le manteau supérieur (de 0 à 660 km) est 3,5 fois moins épais que le manteau inférieur (de 660 à 2 900 km). Les deux ensembles de cellules de convection,

›

sont forcément de taille différente. 2 900 kilomètres est la limite entre le manteau et le noyau terrestre.
a. Les restes non fondus de la croûte océanique s'enfoncent (subduction) et s'accumulent à la limite entre manteau supérieur et inférieur à 660 kilomètres.
b. Une telle quantité de croûte océanique (en vert) s'est accumulée que, froide et donc dense, elle perce la couche à 660 kilomètres et s'effondre dans le manteau inférieur jusqu'à la frontière avec le noyau, sous forme d'avalanche. Ces roches se mélangeront à la limite noyau/manteau puis remonteront sous forme de panaches chauds (en rouge), qui alimenteront de gigantesques coulées de basaltes très fluides qui formeront des plateaux océaniques.

Un océan dans le manteau ?

L'eau existe sur Terre sous trois formes, solide, liquide et gazeuse, comme on peut le voir dans les glaciers, l'océan et l'air. Le plus grand réservoir visible est l'océan. Pourtant, l'eau existe aussi sous une forme moins visible : dans les roches, constituant la structure cristalline elle-même. Un cristal de gypse (*Fig. 13, 14*) par exemple posé sur un buvard, le laisse sec ; pourtant si on le chauffe dans un tube à essais, des gouttelettes d'eau se déposent sur les parois. L'eau constitutive a été extraite par la chaleur.

D'autres minéraux contiennent de l'eau, en particulier dans le manteau, à la base du manteau supérieur. Il y en a une telle quantité (jusqu'à 1,5 % en poids du minéral pour la ringwoodite, une variété d'olivine) que l'on peut parler de l'océan du manteau. Certains vont jusqu'à supposer qu'il existe l'équivalent de un à trois océans pour sa totalité. Cette eau y est arrivée, au moins en partie, par le plongement des plaques dans ce que l'on appelle les zones de subduction.

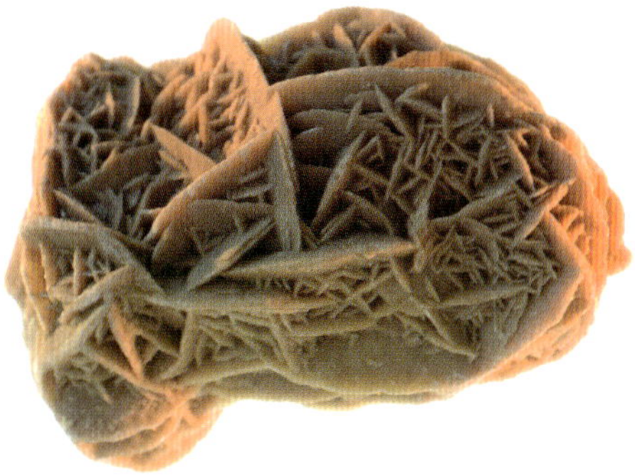

© L. Carpentier

Fig. 13 • Rose des sables.

Cette rose n'est ni du sable ni une fleur mais des cristaux de gypse.

›

Fig. 14 • Cristaux de gypse en « fer de lance » dans un calcaire du Bassin de Paris.

Le tapis roulant : une idée abandonnée ?

Les relations entre cellules de convection et mouvements horizontaux étaient supposées de différents types. Quatre principaux mécanismes avaient été évoqués pour expliquer la dérive des plaques tectoniques.

- Les plaques sont poussées à se séparer par le poids des rides qui s'élèvent au niveau de l'écartement (vers la droite), là où le manteau remonte. On suppose aussi qu'elles peuvent être tirées (sur la gauche) par des plaques froides (donc lourdes) qui s'enfoncent. Les deux phénomènes peuvent coexister (*Fig. 15a*).
- Les plaques sont entraînées (par friction) par les courants de convection (flèches blanches) dans le manteau (*Fig. 15b*).

- Une plaque est la partie supérieure, froide, d'un courant de convection qui circule dans le manteau chaud et plastique. Cette circulation implique que le manteau soit successivement froid et solide, fondant et plastique, puis de nouveau solidifiant (*Fig. 15c*).
- Des panaches thermiques remontent des profondeurs, peut-être même de la limite manteau/noyau, provoquent des points chauds et s'étalent latéralement en entraînant les plaques (petites flèches blanches sub-horizontales). Le retour du flux vers la profondeur peut entraîner un panneau froid dans les profondeurs où il se fragmente et fond en partie (*Fig. 15d*).

La tectonik est à la mode !

La tectonique des plaques est un mot à la mode. Elle a représenté une véritable révolution dans les sciences de la Terre. Son impact a sans doute été aussi important que la théorie de l'évolution introduite par le naturaliste Charles Darwin en son temps. Les répercussions ont été telles que tout citoyen en a entendu parler, si bien qu'aujourd'hui, quand un économiste ou un sociologue veut souligner que des éléments (situation ou importance) changent, il utilise cette expression telle que « l'économie de tel secteur connaît une véritable tectonique des plaques » (France Inter, le 21 janvier 2014).

Et d'ailleurs la tektonik est le nom d'une danse qui a fait fureur dans les années 2005-2008.

Il fut un moment proposé que les dorsales qui s'ouvraient à cause de la remontée d'un magma et repoussaient les plaques de chaque côté étaient le seul moteur de la dérive des plaques (*Fig. 15a*). De ce fait, comme la Terre n'augmente pas de volume, il fallait faire disparaître des plaques par plongement des unes sous les autres dans les zones dites de subduction. On supposait aussi que l'entraînement des plaques se faisait par friction avec le manteau.

Certains critiquent ces modèles car le manteau est solide mais non pâteux. Cependant, un solide peut très bien se déformer, comme en attestent les calcaires plissés de nos chaînes de montagnes, les glaciers, les galeries de mines qui rétrécissent avec le temps ou encore certaines épitaphes et plaques commémoratives (*Fig. 16*).

Une idée fausse : le magma du manteau

Contrairement à ce que l'on peut voir écrit ici et là : le manteau terrestre n'est pas fait de roche fondue (magma) mais d'une roche verte, solide, constituée de cristaux (variétés d'olivine ou péridots).

Une idée vraie

Le manteau est solide et se déforme à l'échelle de millions d'années.

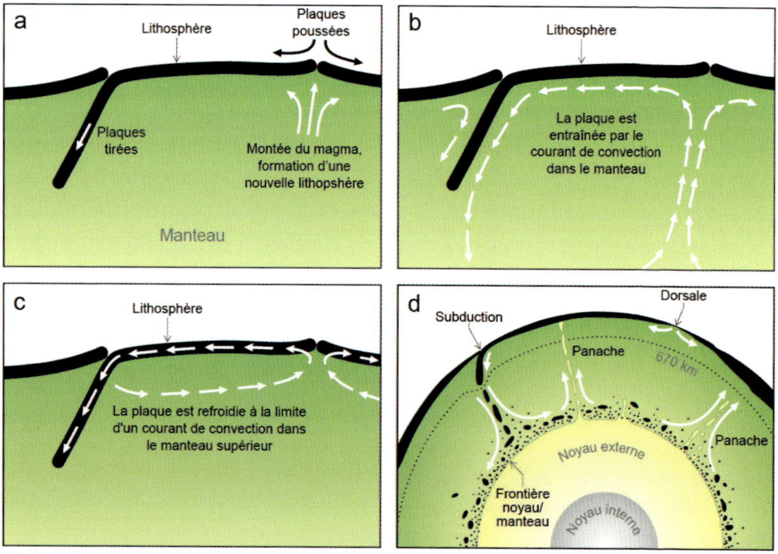

Fig. 15 • Illustrations des quatre mécanismes supposés conduire à la dérive des plaques tectoniques.

Fig. 16 • Plaque commémorative d'Étampes.
Cette plaque enchâssée prouve qu'un solide peut ployer en quelques décennies. Ici, la plaque, extraite de la carrière, a vu la pression des roches environnantes diminuer, elle s'est donc relaxée, ce qui se traduit par une augmentation de volume, mais coincée, la dalle s'est bombée, ce qui l'a fragilisée, seule une partie est restée en place.

Les différences de densité

On admet aujourd'hui qu'un autre moteur est la différence de densité : une plaque froide, plus lourde que le manteau chaud, s'y enfonce, coule. De par sa rigidité, elle s'y enfouit obliquement, tirant vers sa partie arrière. On parle de panneau tractant ou de traction de subduction. À l'arrière de la plaque plongeante, la lithosphère en tension peut laisser remonter du manteau, d'autant que celui-ci, plus chaud, donc moins dense, a déjà cette tendance, ce que l'on appelle la poussée aux dorsales (*Fig. 17*).

Ainsi les subductions sont des mouvements actifs tandis que les dorsales seraient surtout des remontées passives ou presque.

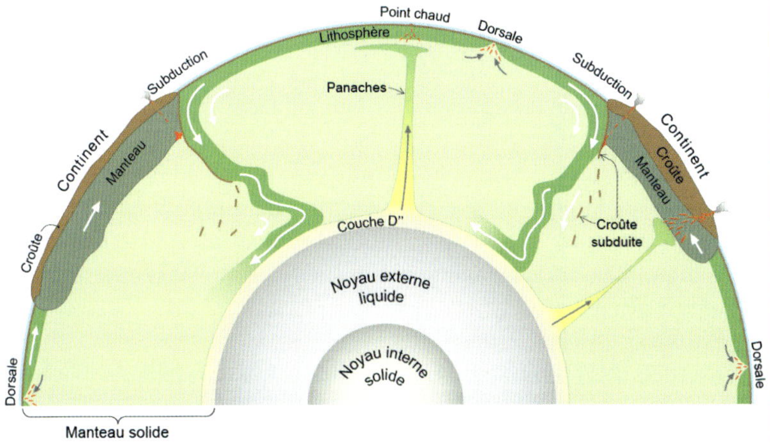

Fig. 17 • Coupe de la Terre.
Les croûtes continentales sont représentées en marron. Le manteau est représenté en vert, sombre quand il est plus froid (lithosphère), clair quand il est plus chaud (près du noyau et dans les panaches). Le noyau ferreux est gris (gris clair graine solide, gris sombre noyau liquide). Les parties liquides (magma) sont très peu abondantes et représentées en rouge : un peu dans la partie superficielle du manteau et les volcans (et encore elles ont été exagérées en taille pour être visibles sur le dessin).

IDÉE FAUSSE : les plaques solides flottent et dérivent sur un manteau liquide.

Arguments confortant cette hypothèse

• Dorsales et poussée

Certaines plaques ne sont bordées que de dorsales (ou presque) comme la plaque qui contient l'Afrique. Si les dorsales exerçaient une poussée, à partir de la dorsale atlantique d'un côté, et de la dorsale indienne de l'autre, le centre de la plaque devrait être en compression, or la plaque Afrique porte près de son centre le grand rift est-africain qui est une structure en extension.

• Indications des séismes

Dans les zones de subduction, les frictions entre les roches des plaques provoquent des séismes. Quand ceux-ci se produisent, selon les vibrations, on est capable de déduire s'il s'agit de tremblements de terre dus à une compression ou une distension. Or, ceux qui se produisent dans le panneau plongeant à 100 km de profondeur indiquent un mécanisme en extension. Si la plaque plongeante était repoussée par l'ouverture de la dorsale, elle serait en compression, ce qui, on l'a vu, n'est pas le cas.

• Vitesse des plaques

Les plaques ne se déplacent pas toutes à la même vitesse. Les plaques rapides (vitesse supérieure à 6 cm/an) sont celles qui plongent, comme la plaque pacifique. Les plaques lentes (vitesse inférieure à 4 cm/an) sont celles qui, comme la plaque qui porte l'Europe, ne contiennent pas d'éléments plongeants.

• Anomalie thermique

L'examen de la température des roches en profondeur avec des procédés analogues à l'échographie des médecins, montre des panneaux plongeants qui restent plus froids que leur environnement jusque très profond, à proximité du noyau. En revanche, sous les dorsales, il y a certes de la matière chaude mais elle n'est pas enracinée profondément. Elle est relativement superficielle et descend au maximum jusque vers 400 km. Il n'y a donc pas, sous les dorsales, de remontée de manteau chaud provenant de la base du manteau.

On admet aujourd'hui que le mouvement des plaques a deux causes principales :

1. la remontée du manteau au niveau de la dorsale (partie ascendante de la cellule de convection) amène de la matière et force l'écartement des plaques ;
2. les parties de plaques qui plongent, plus denses, s'enfoncent, et tirent derrière elles le reste de la plaque.

Comment connaître la température des différentes couches en profondeur ?

Plus une matière est froide, plus elle est dense, rigide, plus elle laisse passer les vibrations rapidement. Ainsi, on peut comparer les températures relatives de deux corps en comparant les vitesses des ondes qui les traversent. Ce procédé lié aux vitesses relatives de transmission est ce qu'en médecine on appelle, une échographie (*Fig. 18*), connue de toutes les futures mamans. La médecine s'est d'ailleurs inspirée des méthodes des géologues pour développer son appareillage.

Les tremblements de Terre offrent de multiples occasions pour les géologues de mesurer les vitesses de transmission. Ainsi, l'analyse des ondes sismiques permet d'établir des profils de profondeur avec les vitesses de transmission interprétables en termes de température.

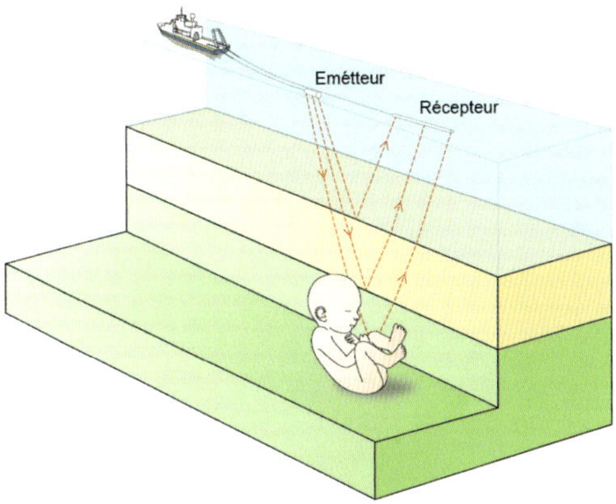

Fig. 18 • Échographie : un produit dérivé de la géologie.
Quand on est en contact avec le grand public ou avec des élèves et que l'on essaie d'expliquer comment arriver à connaître, à « voir » l'intérieur de la Terre, le plus efficace est indiscutablement de leur demander s'ils connaissent l'échographie qui permet de voir les bébés dans le ventre des mamans. Le principe en est simple : les différences de densité des tissus provoquent des échos dissemblables aux ultra-sons envoyés.
La réponse positive permet alors de dire que le principe est le même pour la Terre, avec des ondes en proportion de l'objet ausculté : on n'utilise pas des ultrasons, mais les ondes que provoquent les séismes. Il est quelque peu paradoxal d'utiliser cette comparaison alors que la méthode de l'échographie est justement issue de la tomographie sismique !

Le principe de la géophysique réfraction : un sous-produit de la guerre.

Une grande partie de la guerre de 14-18 fut une guerre de positions. Les batteries d'artillerie bombardaient les lignes ennemies à partir de positions fixes. Un ingénieur des mines allemand, Ludger Mintrop (1881-1956), constate qu'un canon, lors du recul, provoque un ébranlement générateur d'ondes sismiques qui se propagent dans le sous-sol et le long des surfaces séparant les couches de terrain de natures différentes (sismiques réfraction). Ce « coup de bêche » comme il l'appelle[6], lui donne l'idée d'implanter des capteurs de vibrations (sismomètres). Le calcul des différents temps de propagation des ondes lui permet de localiser la batterie ennemie et ainsi de cibler les tirs pour la réduire au silence. Au-delà de l'application militaire, la découverte de cette sismique réfraction sera utilisée, par la suite, pour localiser dans le sous-sol, des couches de charbon, de pétrole ou de sel. Mintrop a d'ailleurs déposé des brevets dès 1916.

6. En français on utilise plutôt l'expression « coup de bélier ».

3 Quels sont les effets liés à cette valse ?

La Terre fonctionne comme un gigantesque système mû par des échanges de chaleur dans des matériaux fondamentalement solides, rocheux. Forcément, les déplacements de ces masses ne se font pas sans des répercussions à différentes échelles.

L'ouverture océanique

Une lave est un fluide dans lequel baignent des cristaux dont le nombre et la diversité varient. Parmi ces cristaux, certains sont magnétiques. Ils ont alors tendance à s'orienter selon le champ magnétique de leur emplacement, comme autant de petites aiguilles de boussoles.

Quand la lave refroidit, le fluide devient pâteux puis se fige et se solidifie. Alors, les petites aiguilles n'ont plus la possibilité de changer de direction. Elles ont enregistré définitivement celle du champ magnétique tel qu'il était au moment de leur coulée, de leur mise en place. Elles l'ont fossilisé.

La Terre possède un noyau métallique dont une partie est liquide (*Fig. 3*) et en mouvement, ce qui induit un champ magnétique. Parfois, celui-ci faiblit et s'inverse, pour une raison encore mal maîtrisée. Le pôle nord magnétique devient alors le pôle sud (et l'inverse, évidemment). Bien entendu, les minéraux sensibles au magnétisme des différentes époques, présents dans un magma liquide, ont pris des orientations magnétiques opposées. Et comme ils ont été figés quand la lave s'est refroidie, les laves de différentes époques possèdent des minéraux aux orientations correspondantes

Au fur et à mesure que les laves s'épanchent au niveau de l'ouverture océanique, elles se trouvent repoussées symétriquement de part et d'autre de leur centre d'émission. Les paillettes magnétiques qu'elles contiennent, portant la direction du champ magnétique de leur époque de mise en place, forment ainsi des bandes parallèles à l'ouverture (*Fig. 19*).

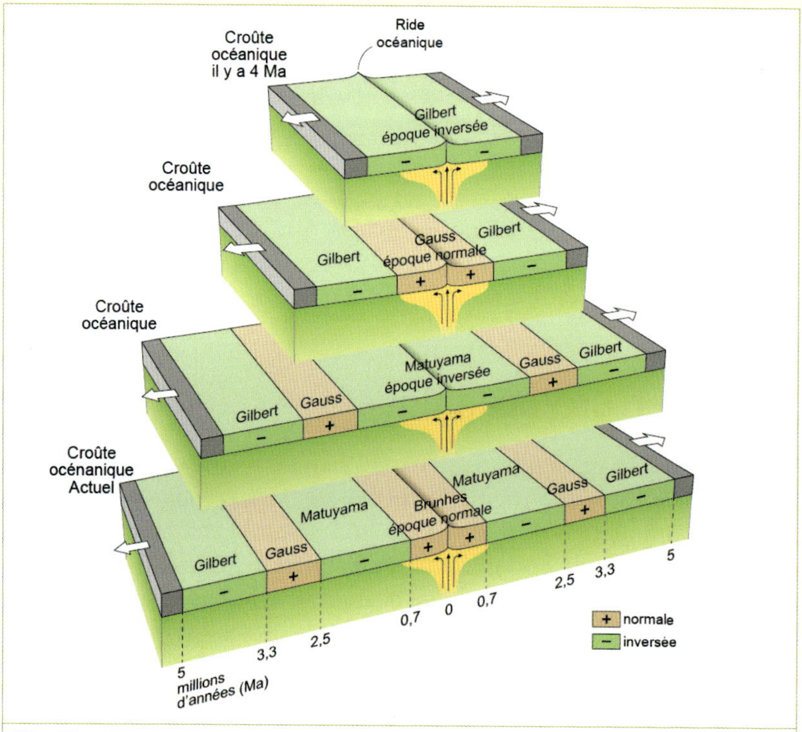

Fig. 19 • Enregistrement de la polarité magnétique par les minéraux contenus dans les laves lors de leur émission.
Comme l'ouverture se produit au niveau des dorsales, les deux lèvres sont symétriques. On nomme les polarités enregistrées « normales » quand le champ magnétique est identique à celui d'aujourd'hui, et « inverses » dans l'autre cas. Pour mieux s'y retrouver, on a donné à chacune des polarités, les noms de scientifiques qui se sont intéressés au magnétisme. Ainsi, l'épisode Gilbert est celui de la polarité il y a quatre millions d'années. Gauss, celui d'il y a trois millions d'années, Matuyama ensuite, et enfin Brunhes.

Du fait de l'ouverture au niveau des dorsales, des terres se séparent jusqu'à former des planchers océaniques. Comme le globe a une dimension constante, si des éléments se séparent à un endroit donné, d'autres doivent se rapprocher ailleurs (*Fig. 21*).

LE GÉOMAGNÉTISME : UN SOUS-PRODUIT DE LA GUERRE

Depuis que l'on a posé des câbles télégraphiques à travers l'océan Atlantique au XIXe siècle, on s'est aperçu que le fond océanique n'est pas une vaste plaine car une longue épine dorsale le barre en son milieu. Une véritable chaîne de montagnes sous-marines que l'on appelle justement « dorsale » océanique.

Lors de la Seconde[7] Guerre mondiale, le monde sous-marin devient un enjeu majeur car il faut alors repérer les célèbres *U-boats* allemands, ces submersibles qui font tant de dégâts dans le ravitaillement. Les scientifiques sont mis à contribution et de nombreuses techniques de sondage mises au point : magnétiques, électriques, sismiques, acoustiques. Les océans sont parcourus en tous sens pour effectuer des mesures qui sont enregistrées (*Fig.20*). Après la guerre, ces enregistrements seront repris et analysés avec d'autres motivations.

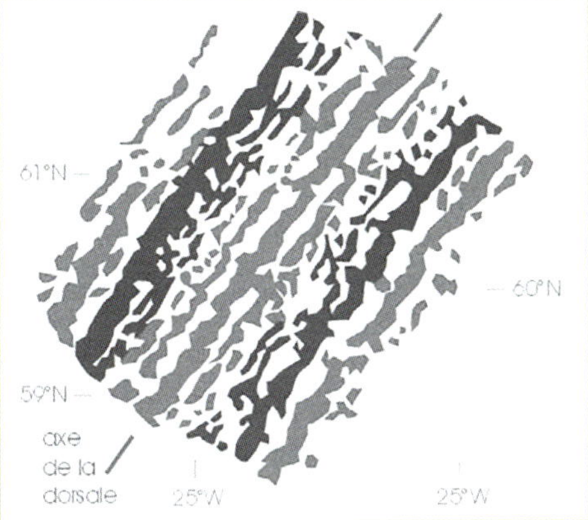

Fig. 20 • Enregistrement magnétique des roches de part et d'autre de la dorsale du milieu de l'Atlantique.

Bandes noires : le nord magnétique est dans la même direction qu'aujourd'hui ; bandes blanches : le nord magnétique est inverse à celui d'aujourd'hui.

Forts des enregistrements magnétiques réalisés pendant la guerre, les Américains révèleront l'existence d'une succession de bandes d'anomalies du champ magnétique (c'est-à-dire des différences entre le champ mesuré et le champ théorique). Les cartes réalisées après la guerre montreront que ces anomalies magnétiques des fonds marins ont, autour de la dorsale Atlantique, une structure en « peau de zèbre » avec des bandes plus ou moins symétriques et parallèles aux reliefs. On commence à comprendre que ces bandes marquent les phases successives de formation. Ce qui conduit Vine et Matthews à reformuler, en 1968, l'hypothèse folle de la dérive des continents, qui avait été celle de Wegener 50 ans plus tôt. Les difficultés rencontrées pour faire passer cette idée ont été nombreuses même si elles sont parfois un peu exagérées[8]. Mais cette fois, ›

7. On dit bien « seconde », qui est précisément la deuxième d'une série de deux, car on espère bien que ce sera la dernière…

on y croit. Est-ce parce que ce sont des géophysiciens qui parlent ? N'ergotons pas, c'est plutôt parce que, désormais, le mécanisme est bien cerné...

Les périodes de guerre sont souvent des moments propices à beaucoup de découvertes scientifiques car davantage de moyens financiers sont disponibles pour les développements technologiques. C'est pendant les périodes de paix qui suivent que l'on prend le temps d'analyser les données et de les comprendre.

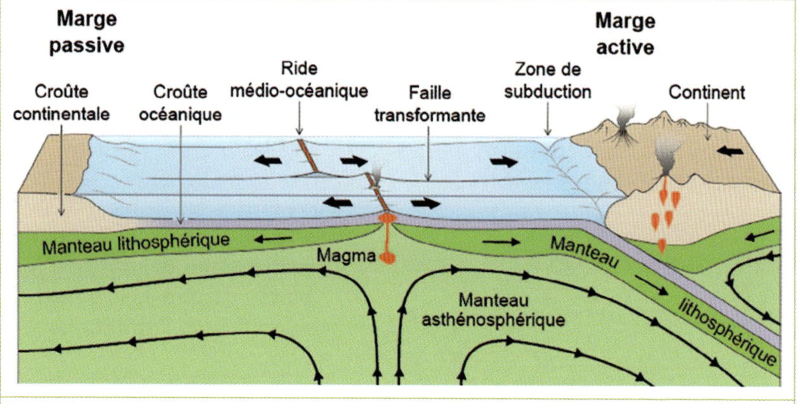

Fig. 21 • Différents types de mouvements relatifs entre les plaques.
Les rides médio-océaniques sont situées à l'aplomb des branches ascendantes du manteau. Elles correspondent à des frontières où les plaques divergent. Les roches du manteau remontant décompressent et fondent, donnant naissance aux basaltes qui s'épanchent au niveau de la ride océanique. Il s'agit de basaltes très liquides, qui s'écoulent (comme ceux connus aux Açores ou en Islande).
En s'éloignant de la ride, la croûte océanique refroidit et devient progressivement plus dense, elle peut alors s'enfoncer et retourner dans le manteau, formant une subduction (à droite du schéma) dans ce que l'on appelle une marge « active ». L'eau entraînée avec la croûte facilite la fusion des roches rencontrées. Un magma se forme alors et remonte. Riche de la silice de la croûte continentale, ce magma est très visqueux. Il ne se manifeste plus en surface par de longues coulées fluides et tranquilles mais par de violentes explosions (telles celles d'El Chichon, Tambora, Mont Saint-Helen, Mont Unzen qui a été fatal aux époux Katia et Maurice Kraft...), (d'après Gargaud *et al.*, modifié).

8. Dans son livre « Un peu de science pour tout le monde » publié en 2006, Claude Allègre écrit « Ayant été parmi les premiers convertis [...] à un moment où nous étions en France trois ou quatre à l'être, à une époque où même un futur « grand prêtre » comme Xavier Le Pichon y était encore farouchement opposé, j'ai subi une hostilité déclarée qui m'a beaucoup marqué. Sans doute [...] a-t-elle accru ma rugosité. [...] Pendant cinq ans, nous avons pu enseigner la tectonique des plaques à la nouvelle université de Paris-7 à partir de 1972, seuls en France [...] ce qui nous a valu une hostilité quasiment générale de nos collègues géologues ! ». Sans doute est-il honnête quand il dit cela, mais alors il est mal renseigné car les étudiants de Lille, où l'un d'entre nous (PDW) était, recevaient un cours sur ce sujet depuis 1971 par le Professeur Jean Dercourt.

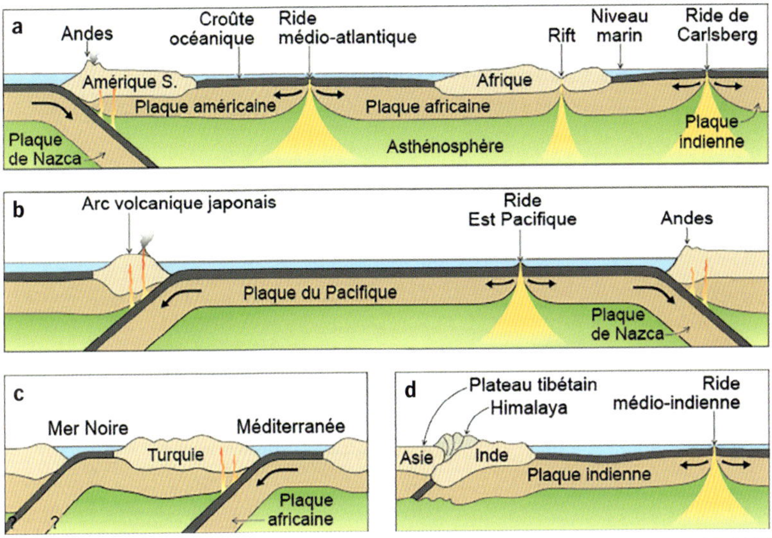

Fig. 22 • Plusieurs types de relations entre continent et océan.
a. Coupe est-ouest : enfoncement (subduction) d'un océan sous un continent (océan Pacifique sous le continent américain), ouverture au milieu d'un océan (Atlantique), ouverture sous un continent (Afrique), autre ouverture d'un océan (Indien).
b. Coupe est-ouest : subduction d'un océan (Pacifique) sous un arc volcanique (archipel du Japon), ouverture au milieu d'un océan (Pacifique) et subduction sous le continent américain.
c. Coupe nord-sud : subduction de deux croûtes océaniques sous un continent : la mer Noire plonge sous l'Eurasie, la mer Méditerranée (plaque africaine) plonge sous la plaque turque.
d. Coupe nord-sud : rencontre de deux continents ; l'Asie au nord et l'Inde, au sud, donnant l'Himalaya.

Quelques coupes schématiques (*Fig. 22*) permettent de s'en rendre compte :

a. du Pacifique (à gauche) à l'océan Indien (à droite) : l'est du Pacifique plonge sous l'Amérique du Sud. De cette confrontation, résulte la chaîne des Andes. L'Amérique du Sud s'écarte de l'Afrique par l'ouverture du centre de l'Atlantique. Le continent africain est en train de se morceler au niveau de la Rift Valley, et l'océan Indien croît par l'ouverture que représente la ride de Carlsberg ;
b. de la mer de Chine, à l'ouest, à l'Amérique du Sud, à l'est, on rencontre l'archipel du Japon, volcanique à cause du plongement de la plaque pacifique. Bien plus à l'est, à proximité de l'Amérique du Sud (entre 2 500 et 5 000 km quand même…), le Pacifique s'ouvre au

niveau de la Ride Est-Pacifique, avant de plonger sous l'Amérique du Sud, générant en même temps la Cordillère des Andes ;

c. de la Crimée à l'Afrique se succèdent deux subductions, dans le même sens : le plancher de la mer Noire plonge sous la Crimée, et la plaque africaine (avec la Méditerranée) plonge sous la Turquie ;

d. la plaque de l'océan Indien, en ouverture en son centre, porte le continent indien qui plonge sous le continent asiatique. Deux continents sont entrés en collision, l'immense chaîne de l'Himalaya en résulte.

La direction a-t-elle une importance pour le type d'affrontement (océan/continent, continent/continent, océan/océan) ?

On a vu, figure 22, que les deux premières représentations sont des coupes est-ouest et les deux dernières des coupes nord-sud. Ces directions ne sont que des hasards de nos choix car pour la collision continent-continent, on aurait tout aussi bien pu choisir une direction est-ouest pour les Alpes occidentales.

Quand une plaque plonge sous une autre, les roches qui la constituent se plissent et se transforment avec l'augmentation de température et de pression. On les dit métamorphisées.

Selon que la température ou la pression domine, les catégories de minéraux qui s'y forment ne sont pas les mêmes. C'est d'ailleurs précisément ce point qui permet de reconstituer l'histoire des roches.

Une plaque charrie une croûte continentale, s'enfonce sous une autre plaque qui elle aussi porte une croûte continentale (*Fig. 23a*).

Les deux continents entrent ensuite en collision. Le continent de gauche se casse en plusieurs écailles qui se chevauchent, épaississant ainsi la croûte continentale et érigeant une haute chaîne de montagnes. D'autres roches spécifiques se forment lors de ce processus de collision : roches magmatiques en intrusion, des roches sédimentaires déformées qui s'étaient formées sur une plate-forme continentale ou dans des abysses, et même des roches volcaniques qui se sont épanchées au fond d'un océan. Ce qui s'est passé au Tertiaire (vers 50 millions d'années) lors de la collision Inde/Asie en est un exemple (*Fig. 23b*).

Les séismes

Quand des roches se déplacent, comme elles sont solides, elles le font avec de fortes frictions. Ces frictions induisent des vibrations, mais quand il est question d'éléments aussi grands que des continents, et des puissances aussi importantes que celles qui sont en jeu dans les mouvements terrestres, alors les vibrations s'appellent des séismes.

Les plus grands déplacements s'observent quand les roches appartiennent à des plaques différentes, soit qu'elles se séparent au niveau d'une ouverture, soit qu'elles glissent l'une contre l'autre dans un mouvement coulissant et encore plus quand elles s'affrontent dans une collision.

Les réajustements de tension dans les roches sont permanents. Il se produit donc de nombreux séismes chaque jour (entre 250 et 300), mais la plupart d'entre eux ne sont pas ressentis par les humains.

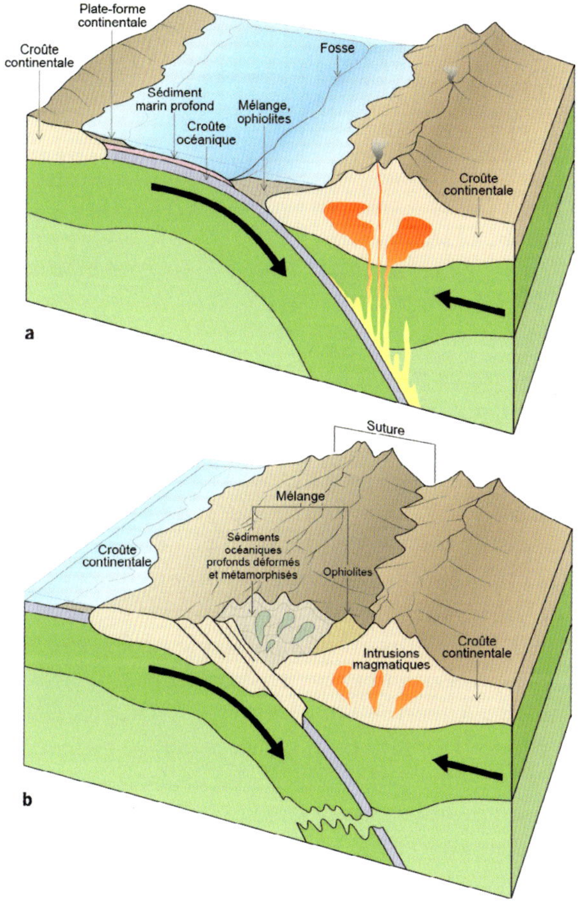

Fig. 23 • Deux étapes d'une collision de deux plaques continentales.

a. Un océan est en train de se refermer par plongement d'une plaque sous une autre. C'est l'image de la mer Égée face à la Grèce.

b. Les deux croûtes continentales sont entrées en collision. Dans la zone de suture, les roches se plissent, se chevauchent, se mélangent. Cette image est celle des Alpes ou de l'Himalaya.

Épicentre/hypocentre

Un séisme correspond à un point de rupture des roches, en profondeur. Le centre de rupture, sous nos pieds, est appelé hypocentre (du grec *hypo-*, dessous). À la verticale de ce point, en surface, on nomme épicentre (du grec *épi-*, au-dessus) l'endroit le plus proche de la rupture. C'est donc là que les secousses se font le plus sentir et que les dégâts sont généralement les plus importants.

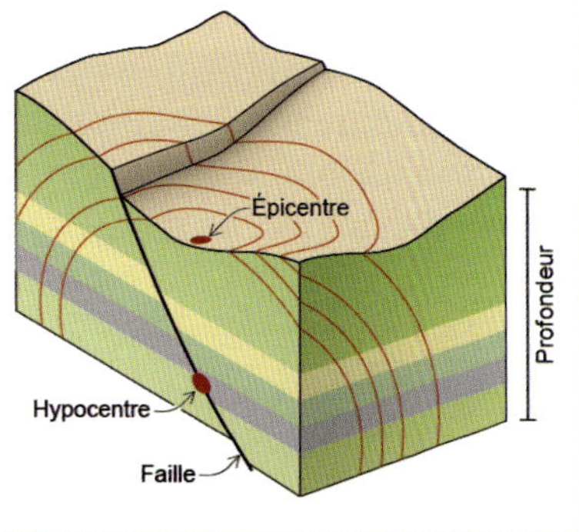

Fig. 24 • Position relative de l'hypocentre et de l'épicentre d'un séisme.

Ce mot semble à la mode car on le trouve utilisé par les journalistes dans le sens de « centre » ou de « centre de gravité » : exemple, en parlant d'une grogne contre une décision, on entend évoquer « l'épicentre de la contestation ». C'est heureux pour la géologie et dommage pour la langue française…

Quand on parle de la puissance d'un séisme, on utilise deux termes qui ne sont pas synonymes et qui peuvent donc amener des confusions.

La **puissance** peut être quantifiée par sa magnitude. Introduite par Richter en 1935 (on parle donc de l'échelle de Richter), la magnitude ne représente pas une échelle simple mais logarithmique : un séisme de magnitude 7 est dix fois plus puissant qu'un séisme de magnitude 6 et cent fois plus important qu'un séisme de magnitude 5.

L'**intensité** du séisme se fonde sur l'observation des effets et des conséquences sur des indicateurs en un lieu donné : effets sur les personnes, objets, mobiliers, constructions et l'environnement. L'intensité est donc estimée à une échelle locale (commune, région). On prend en compte des caractères tels que la vibration des fenêtres (faible, forte, si elles se sont ouvertes…), si les objets ont vibré, se sont déplacés ou ont chuté, si des dégâts sont observés, de la plus vulnérable construction à la plus résistante, le nombre d'objets concernés… Les échelles d'intensité comportent des degrés généralement notés en chiffres romains, de I à XII pour les échelles les plus connues (Mercalli, MSK ou EMS). L'intensité dépend du lieu d'observation car la nature du sous-sol joue sur l'intensité ressentie du séisme, ce que l'on appelle « effet de site ». Elle décroît généralement lorsque l'on s'éloigne de l'épicentre, mais d'éventuels effets de site (écho, amplification locale par exemple) peuvent perturber cette décroissance.

Une ancienne méthode chinoise de localisation

Certaines zones géographiques de la Chine sont très sismiques. Leur mythologie suppose que le pays est installé sur le dos d'un dragon qui s'ébroue de temps à autre. Depuis longtemps, les habitants sont donc confrontés aux dégâts des séismes et ils ont mis au point des systèmes de repérage pour savoir où diriger les secours. Ils ont ainsi imaginé un vase de bronze rempli de liquide comportant huit dragons sur le contour, une bille dans la gueule de chacun d'eux (*Fig. 25*). Selon la direction de la secousse, une des billes tombait dans la gueule du crapaud situé sous le dragon, ce qui permettait de connaître la direction vers laquelle il fallait envoyer les secours.

Fig. 25 • Sismographe chinois.

La localisation des séismes (épicentre et énergie impliquée) se fait à l'aide de stations sismiques. Dans celles-ci des appareils (sismographes) enregistrent les vibrations du lieu dans les trois directions de l'espace : deux horizontaux, disposés à 90°, et un vertical (*Fig. 26*). Leur principe est simple : on enregistre le mouvement relatif entre un bloc statique, solidaire du sol, et une masse suffisamment lourde pour que, par inertie, elle ne suive pas les oscillations générées par le séisme.

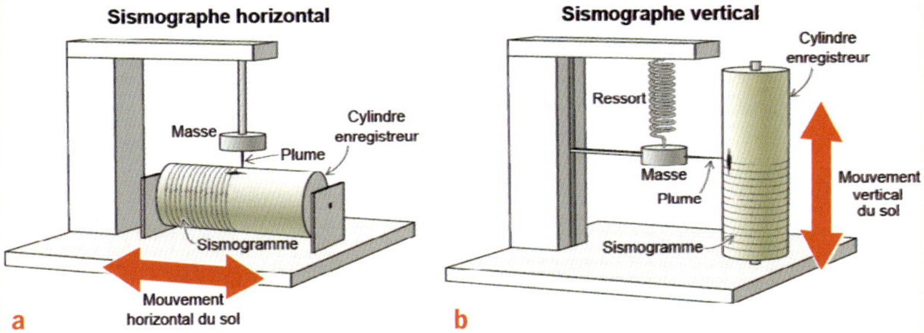

Fig. 26 • Sismographes.
a. Sismographe mesurant les vibrations horizontales. Le stylet de la masse d'inertie laisse une trace sur un tambour en rotation.
b. Sismographe mesurant les oscillations verticales. Le stylet de la lourde masse permet d'enregistrer ses mouvements sur un tambour tournant.

Peut-on prévoir quand va se déclencher un séisme ?

Certains séismes sont dévastateurs, il serait donc utile de savoir quand ils peuvent se déclencher afin de pouvoir sauver des vies et même limiter, en partie, les dégâts (en coupant les sources potentielles d'explosions par exemple). Malheureusement, la date précise est impossible à déterminer.

Il existe des preuves de déplacement de plaques dans certaines zones dont on arrive à évaluer la vitesse moyenne, mais le mouvement ne se fait pas de façon régulière. Des tensions s'accumulent comme un ressort qui se tend et qui se relâche épisodiquement. Le mouvement global est régulier mais ne se manifeste que par soubresauts, un peu à l'image d'un parpaing que l'on tracte sur le sol avec un ressort : la tension peut être très régulière, le parpaing ne se déplacera que par sursauts ; tantôt par de petits sauts, tantôt par de grands (*Fig. 27*).

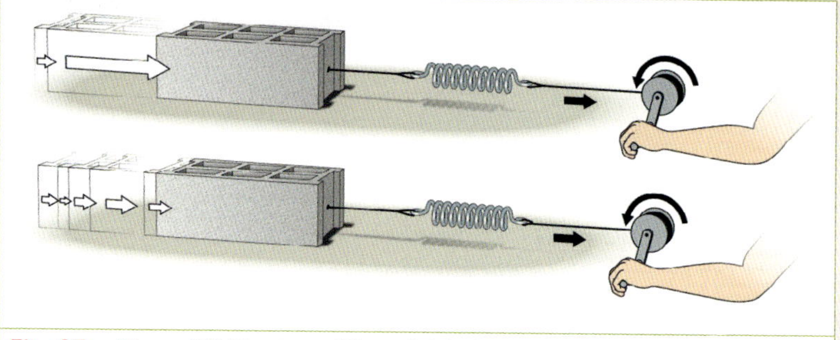

Fig. 27 • Dispositif illustrant l'imprévisibilité des séismes pour un même mouvement : soit un petit puis un grand saut (en haut), soit une succession de petits déplacements.

Les séismes sont nombreux aux frontières de plaques. Leur répartition sur le globe terrestre souligne donc les principales lignes de contacts : ouvertures, fermetures et coulissements (*Fig. 28*). La carte de la figure 28 montre que les localisations de séismes sont regroupées le long de certaines lignes privilégiées : autour du Pacifique, de la Cordillère des Andes à l'Alaska en passant par le Mexique et la Californie, le long des îles Aléoutiennes, au nord et tout l'ouest du Pacifique, péninsule du Kamtchatka, Japon, mer de Chine et Indonésie. Un autre ensemble est bien visible : de l'Himalaya à la Méditerranée en passant par l'Iran et la Turquie. L'est de la Méditerranée, au niveau de la mer Égée est particulièrement actif. Ces zones correspondent à des zones où les plaques se chevauchent.

On note aussi des lignes, quoique plus discrètes, le long de la ride médio-atlantique, dans l'océan Indien et dans le Pacifique. Ces alignements sont ceux d'ouvertures océaniques (où les plaques se séparent).

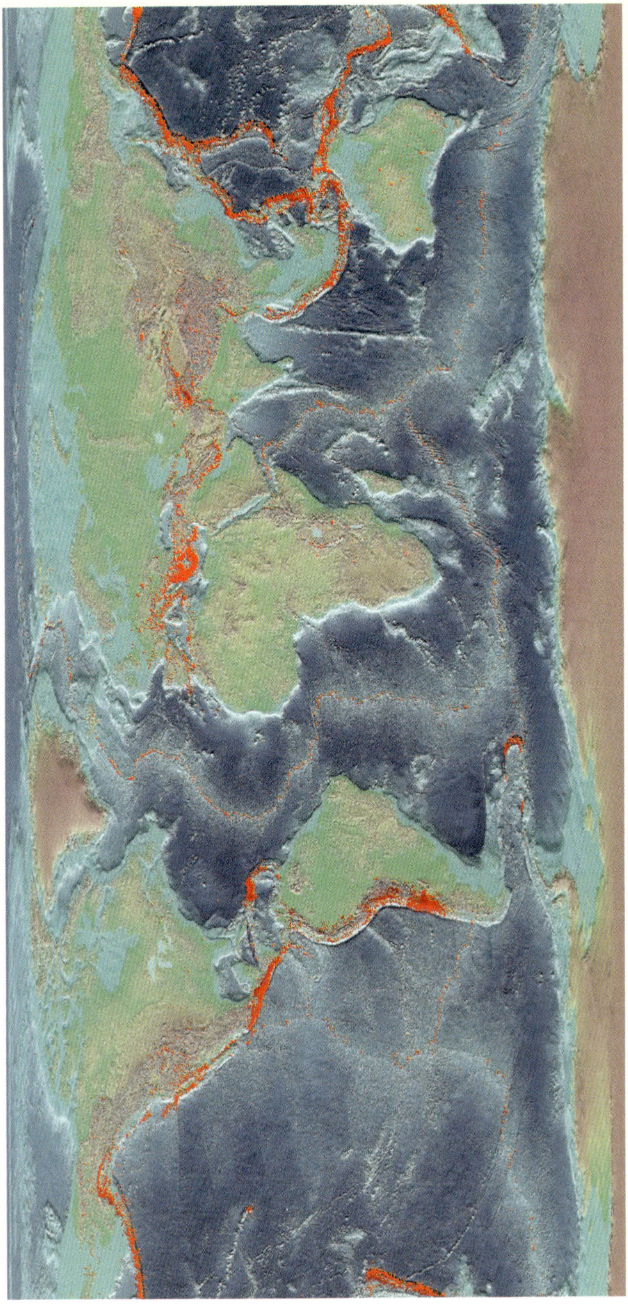

Fig. 28 • Carte des principaux séismes.
Cette carte souligne la liaison qui existe entre limites de plaques et séismes, on peut la comparer avec la figure 33.

Le volcanisme

Le volcanisme est la manifestation en surface d'une remontée de magma. Ces effusions ont longtemps conduit à supposer que l'intérieur de la Terre était sous forme d'un magma liquide. Il n'en est rien, l'intérieur de la Terre, tout le manteau, est sous forme d'un solide. Seules, quelques toutes petites parties de manteau chaud qui remontent fondent du fait de la décompression. C'est le magma que l'on retrouve au niveau des dorsales océaniques et qui s'épanche sous forme de coulées de basaltes en coussins. En effet, quand une lave arrive dans l'eau, des sortes de billes se forment du fait du refroidissement brutal, un peu comme ce que l'on observe quand de la cire fondue coule dans l'eau : de petites perles molles s'empilent (*Fig. 29*). Il s'agit d'un volcanisme très fluide : les laves s'écoulent tranquillement sur de très longues distances formant des coulées qui, en refroidissant, offrent de magnifiques structures fluides, laves cordées par exemple, que l'on connaît en Islande (*Fig. 30*) ou à Hawaï (*Fig. 31*). L'Islande cumule le double avantage d'être à la fois un centre d'ouverture océanique et le sommet d'un panache de matière chaude qui remonte du manteau, formant un « point chaud ».

Fig. 29 • Quelques laves en coussins, coulées de basaltes au fond de l'océan Téthys,

il y a 150 millions d'années, alors à - 3 000 m et aujourd'hui remontées à + 2500 m (massif du Chenaillet, Montgenèvre). Le marteau en bas, au centre, et le genou, à droite, donnent l'échelle.

Fig. 30 • Une coulée de lave sur les lèvres de la ride médio-atlantique, en Islande.

Les lichens forment une mosaïque de couleur qui masque, en partie, l'aspect cordé des laves, mais il reste clair que la coulée s'est effectuée de l'arrière plan vers l'avant plan.

Fig. 31 • Laves cordées récentes au Kilauea à Hawaï.

Fig. 32 • L'éruption du Colima (Mexique), explosive, est surtout marquée par l'éjection d'énormes volumes de cendres, plus que par des coulées de laves.

Une autre manière de faire fondre le solide qu'est le manteau terrestre, anhydre, est de lui apporter de l'eau (l'eau joue le rôle de fondant en facilitant la fusion de la roche). C'est ce qui se produit quand une plaque en subduction entraîne avec elle des sédiments gorgés d'eau. Celle-ci diffuse, imprègne les roches environnantes. Cette hydratation les fait fondre. Elles ont alors tendance à remonter, d'abord de façon diffuse, puis se regroupent en « poches », c'est-à-dire plus exactement, sous forme d'un liquide qui imprègne une éponge. Arrivées en surface, ces roches provoquent un volcanisme typique des zones de subduction, très explosif car le magma est plus pâteux que liquide. Il se manifeste alors sous forme de violentes explosions. Il s'agit du volcanisme que l'on connaît dans l'Ouest américain, que ce soit dans les Andes ou au mont Saint Helens, de même qu'aux Philippines, les monts Unzen, Tembora… nous ont laissé le souvenir d'explosions titanesques (*Fig. 32*).

La *figure 33* montre que la répartition des volcans actifs est très comparable à celles des séismes de la *figure 28*.

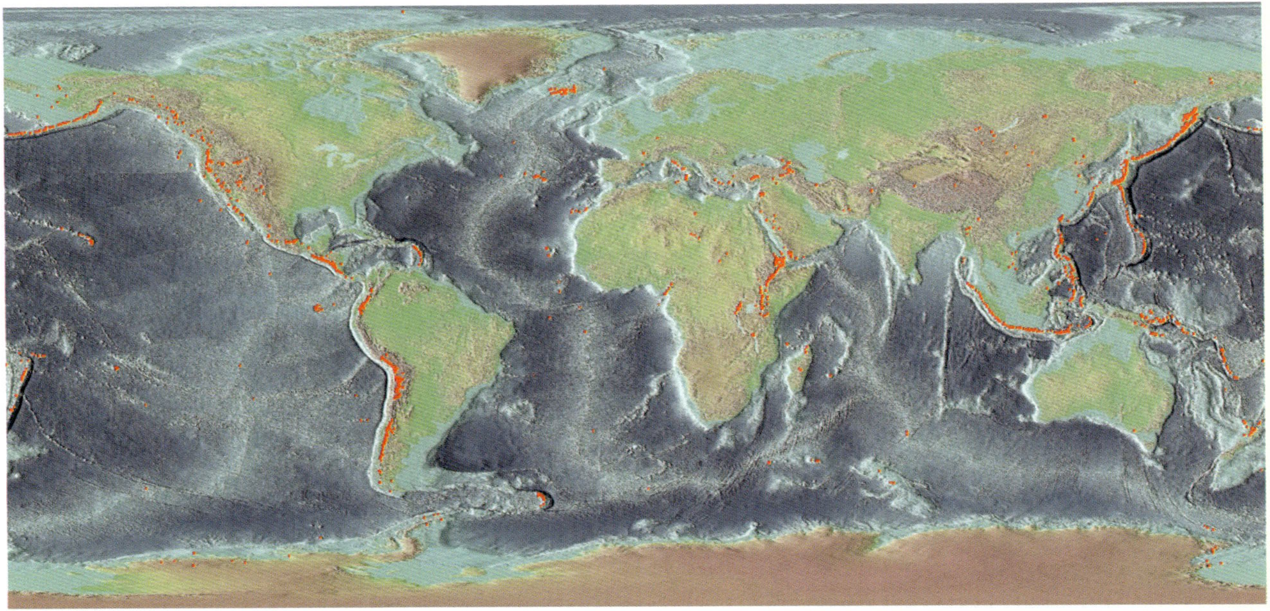

Fig. 33 • Répartition des volcans actifs (points rouges).
La ceinture de points rouges qui entoure le Pacifique justifie son appellation de « ceinture de feu ». Sa forme est bien superposable avec celle des séismes.
Ailleurs sur le globe, la répartition des volcans et celle des séismes sont légèrement différentes. La partie alpine est moins marquée (sauf pour l'Italie, la Grèce et la Turquie), de même que les rides médio-océaniques. En revanche, l'Islande est bien pointée de même que la zone des rifts valley africaines, de l'Éthiopie au Kenya.

Le volcanisme en tireté : preuve du déplacement de plaques

Les plaques se déplacent à la surface du globe. De ce fait, si un phénomène plus profond, fixe, se manifeste épisodiquement en surface, il apparaît en pointillé ou en tireté (*Fig. 34-36*). C'est le cas, par exemple, de remontées de matière profonde que l'on appelle des panaches et qui se traduisent par des éruptions volcaniques.

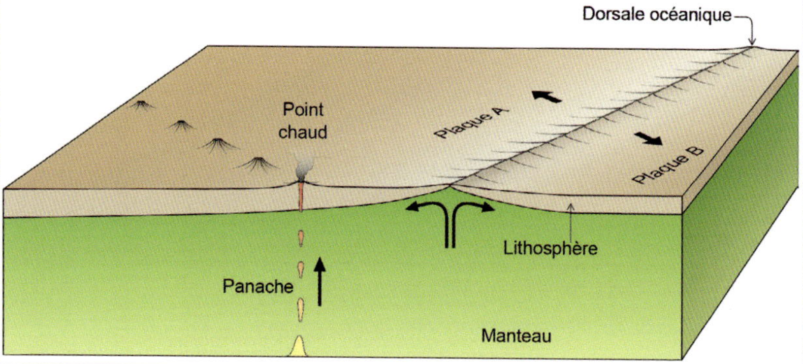

Fig. 34 • Impact du fonctionnement d'un point chaud fixe, partie supérieure d'un panache du manteau, sous une plaque en déplacement. À chaque manifestation, un volcan est créé. Comme le fonctionnement est épisodique, la marque à la surface de la Terre est celle d'un pointillé (partie gauche de la figure).

Ce type de fonctionnement s'observe bien dans l'océan Pacifique où trois chapelets d'îles (Monts de l'Empereur, îles Australes et archipel des Tuamotu) montrent, non seulement des alignements parallèles mais aussi traduisent le même changement de direction de la plaque portante (*Fig. 35*). Les datations des laves en différents endroits (indiquées en millions d'années = Ma) permettent de suivre les vitesses de déplacements.

Dans l'océan Indien on peut suivre aussi un tel chapelet, mais le pointillé est interrompu par une dorsale océanique qui sépare d'un côté les Maldives et de l'autre les îles Maurice, La Réunion etc. Ici encore, les datations des laves permettent de retracer l'historique des effusions.

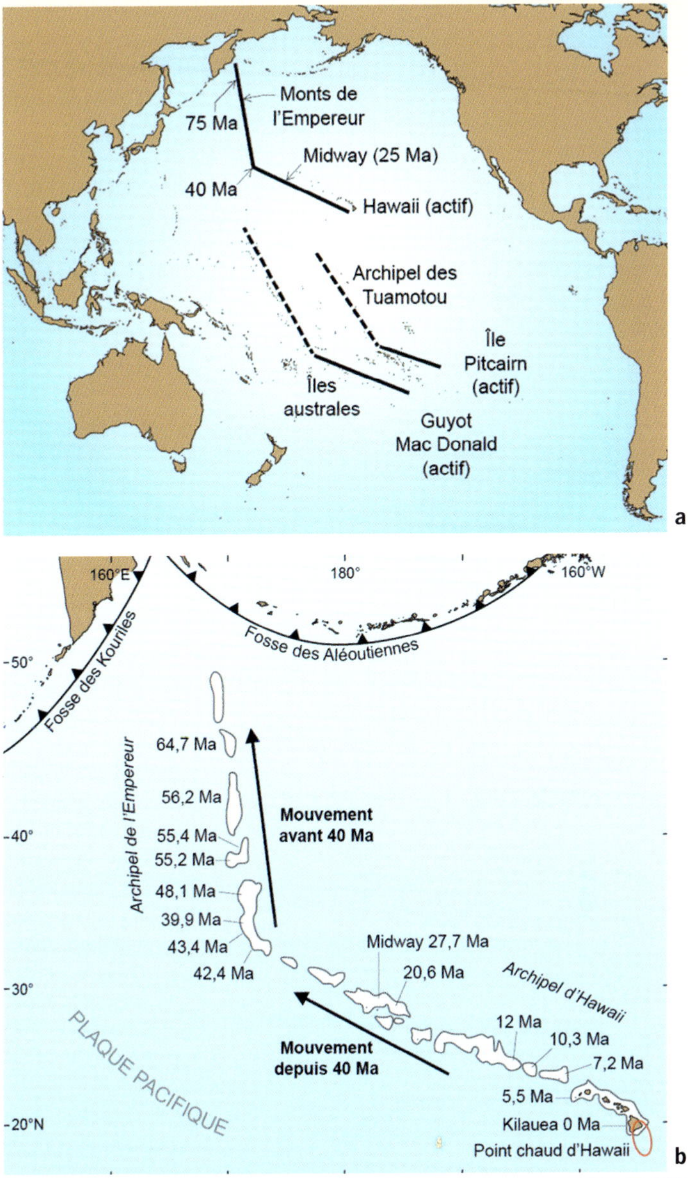

Fig. 35 • Point chaud et changement de direction dans l'océan Pacifique.
a. Principaux alignements volcaniques du Pacifique liés à des points chauds. Tous montrent un déplacement apparent vers le SSE puis vers ESE. Les parties actuellement actives (Hawaï, Pitcairn et Mac Donald) sont au SE.

›

b. Détail du point chaud d'Hawaï. Il est fixe mais la plaque pacifique se déplace, alors chaque manifestation se marque par un relief, formant ainsi un chapelet d'îles volcaniques ; d'abord l'archipel de l'Empereur de direction grossièrement NS, de 70 à 40 millions d'années puis l'archipel d'Hawaï : NO-SE, de 40 millions d'années à aujourd'hui. Le changement de direction intervenu à 40 millions d'années correspond à un changement de direction de la plaque pacifique dû à la mise en place de nombreuses structures : individualisation de la plaque des Philippines et apparition de la fosse des Mariannes. L'absence de grandes coulées de type trapps au début du point chaud résulte probablement de leur non-conservation : elles ont sans doute existé, mais ont aujourd'hui disparu, enfouies par la subduction des aléoutiennes. On note que les âges sont de plus en plus récents vers le SE.
Une distance d'environ 3 500 km sépare le changement de direction des volcans actuels, ce qui fait une vitesse moyenne de : 3 500 km/40 Ma = 8,75 cm/an.

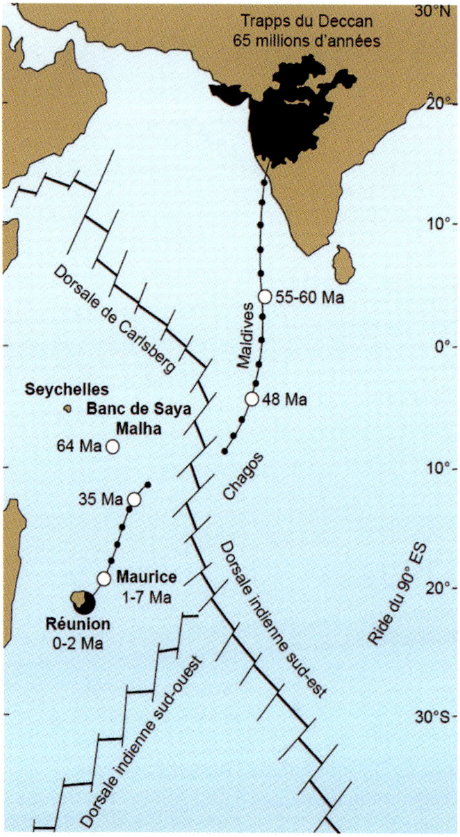

Fig. 36 • Point chaud et ouverture océanique dans l'océan Indien.

On peut suivre la relation entre le point chaud de l'île de la Réunion et les grandes coulées de trapps du Deccan, en Inde. Le sommet du panache a atteint la surface il y a 65 millions d'années déclenchant les énormes coulées de laves qui constituent les trapps du Deccan. Depuis, le panache, moins tumescent continue d'émettre des laves qui constituent, du nord vers le sud, la chaîne des Maldives, du Chagos jusqu'à l'île de la Réunion et son volcan actif actuel. Cet alignement n'est pas rectiligne parce que, il y a 40 millions d'années, la dorsale indienne s'est mise à séparer les plaques.

4 La vitesse de déplacement des plaques

Comment connaît-on la vitesse ?

Les plaques se déplacent les unes par rapport aux autres. On ne les voit pas bouger car leur vitesse est très faible. On ne peut qu'en observer les résultats sur des millions d'années. Les vitesses déduites alors sont donc des vitesses moyennes, même si les mouvements se font généralement par sauts irréguliers successifs. Aujourd'hui, néanmoins, on arrive à mesurer les vitesses des phénomènes qui se déroulent actuellement, selon différents moyens.

Le GPS

Le plus connu est sans doute celui utilisant le GPS. Le GPS (Global Positioning System, système de positionnement global) utilise un ensemble de 26 satellites qui tournent à environ 20 000 km de la Terre (*Fig. 37*). Chaque satellite émet des signaux radio repérés dans le temps grâce à une horloge de très haute précision embarquée à bord du satellite. L'utilisateur dispose d'un récepteur capable de capter et d'identifier chacun des satellites grâce à son code. La mesure des temps d'arrivée des signaux émis par au moins trois satellites permet de déterminer la distance entre le récepteur et chacun des satellites. On peut alors fixer la position du récepteur en latitude, longitude et altitude avec une précision de cinq à dix mètres en usage courant (celui des randonneurs ou des véhicules par exemple). Pour des mesures de haute précision, on utilise le GPS différentiel. Cette technique consiste à comparer les données acquises par deux récepteurs différents captant les mêmes satellites au même instant ; cette procédure élimine les diverses erreurs, ce qui permet d'atteindre une précision de l'ordre du millimètre sur la distance séparant les deux récepteurs. En répétant les mêmes mesures au cours des années, on en déduit la vitesse.

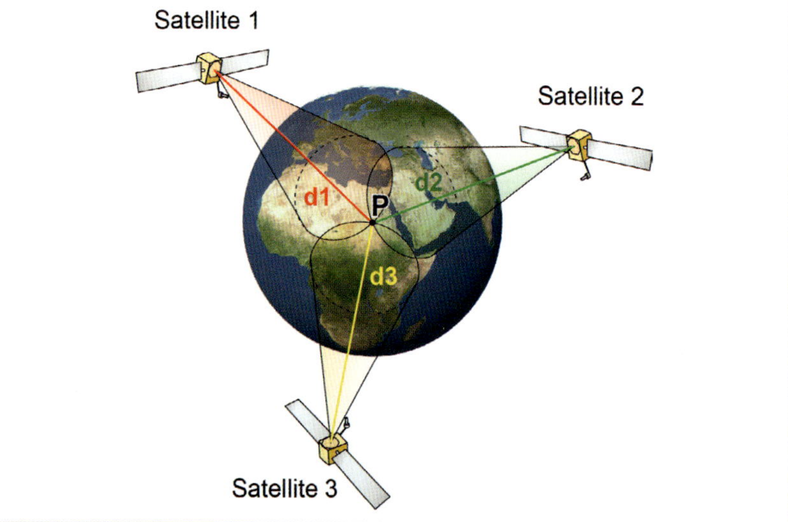

Fig. 37 • Principe de la localisation GPS avec trois satellites.
Le principe est celui de la triangulation classique pour le repérage sur les cartes. Souvent, la localisation utilise plus de trois satellites, ce qui augmente la fiabilité et/ou la précision.

Les autres méthodes

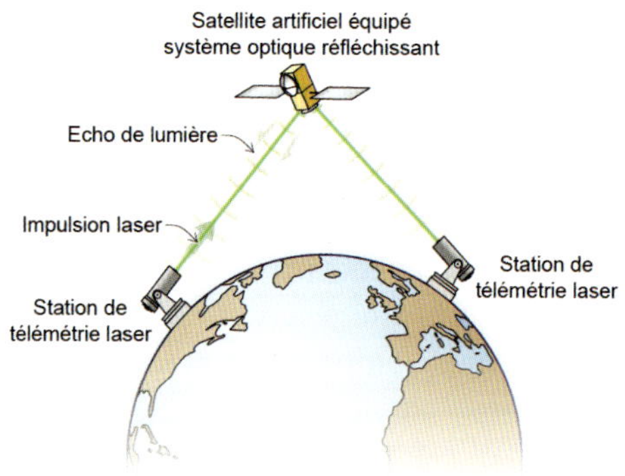

Fig. 38 • Principe de mesure de déplacement de deux points du globe avec une technique laser (LSR : Laser Satellite Ranging).

Certaines utilisent des faisceaux lasers et l'intermédiaire d'un satellite (*Fig.38*). Dans cette approche, appelée LSR (pour *Laser Satellite Ranging*), on vise le satellite avec un canon laser et on mesure le déphasage entre le signal émis et le signal réfléchi par le satellite. Cette technique, difficile à mettre en œuvre car elle nécessite un matériel coûteux, n'est opérationnelle que par beau temps (pour que le faisceau laser ne soit pas arrêté par les nuages).

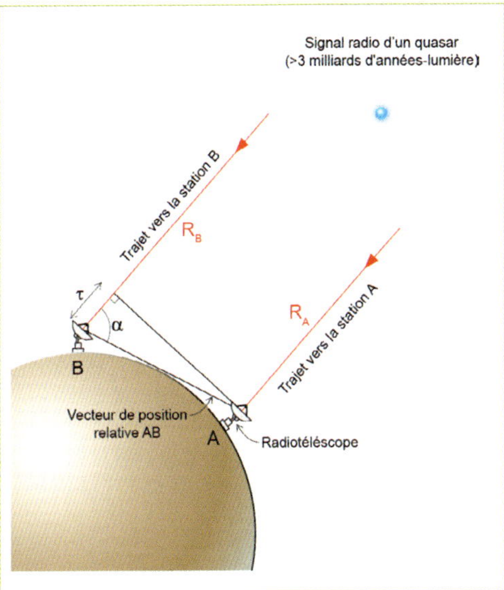

Fig. 39 • Principe de mesure de déplacement de deux points du globe à partir de points situés hors de notre galaxie (technique dite VLBI « Very Long Base Interferometry »).

D'autres techniques utilisent des points très lointains dans l'espace, hors de notre galaxie : les quasars. Ils émettent de puissants signaux radio que l'on peut capter avec des antennes radio-astronomiques (*Fig. 39*). On compare les temps d'arrivée du même signal dans deux stations très éloignées l'une de l'autre. La différence entre les temps d'arrivée du même signal aux stations A et B donne alors la distance entre les stations. La répétition de ces mesures au cours du temps, permet de déterminer la vitesse de rapprochement, ou d'éloignement des stations. Cette technique de très haute précision est mise en œuvre à partir d'observatoires radio-astronomiques.

À partir des observations au sol et des mesures, il a été possible de reconstituer les déplacements des grandes plaques qui découpent la surface de notre globe. Les vitesses ne sont pas toutes les mêmes, les plaques les plus rapides atteignent une vingtaine de centimètres par an.

Comment rendre perceptible cette vitesse de déplacement ?

Les mouvements terrestres semblent lents à l'échelle humaine, si bien que l'on a l'impression qu'il n'y a pas de déplacement. Une manière de faire « sentir » cette vitesse, et en raison de notre tendance naturelle à l'anthropocentrisme, est de la comparer avec des mouvements lents propres à notre corps comme la pousse des ongles ou des cheveux (*Fig. 40, 41*).

›

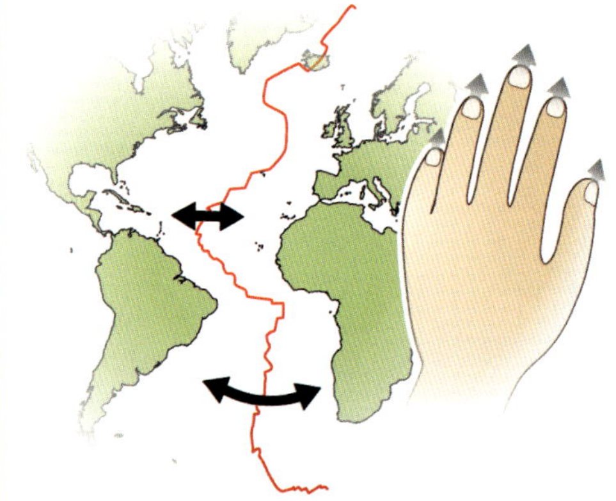

Fig. 40 • On a beau regarder ses ongles, on ne les voit pas pousser.

Pour autant, on n'en conclut pas qu'ils sont immobiles car on sait bien que l'on doit les couper régulièrement (pour la plupart d'entre nous tout au moins). Effectivement, ils poussent d'environ 5 cm/an. Cette vitesse est celle avec laquelle l'Amérique s'éloigne de l'Europe.

Fig. 41 • Cheveux et plaques : même vitesse

Nous allons chez le coiffeur (la plupart d'entre nous, ici aussi) pour (leur redonner une forme et une couleur, certes mesdames) couper nos cheveux car ils poussent d'environ 10 cm/an. Ils le font invisiblement, sans bruit, mais le constat est aisé chez ceux qui se teignent les cheveux, au bout d'un mois, les racines sont bien blanches. Cette vitesse est celle des mouvements rapides de certaines plaques, telles les plaques qui concernent l'océan Pacifique.

5 L'ouverture et la fermeture d'un océan

On a vu précédemment (voir § 2) que quatre moteurs sont évoqués pour rendre compte de la dérive des plaques. Les ouvertures d'océans se font selon des modalités assez homogènes.

Au-dessus de la remontée d'une partie chaude du manteau, un bombement se crée (*Fig.42a, 43*). La croûte soulevée craque, se fracture.

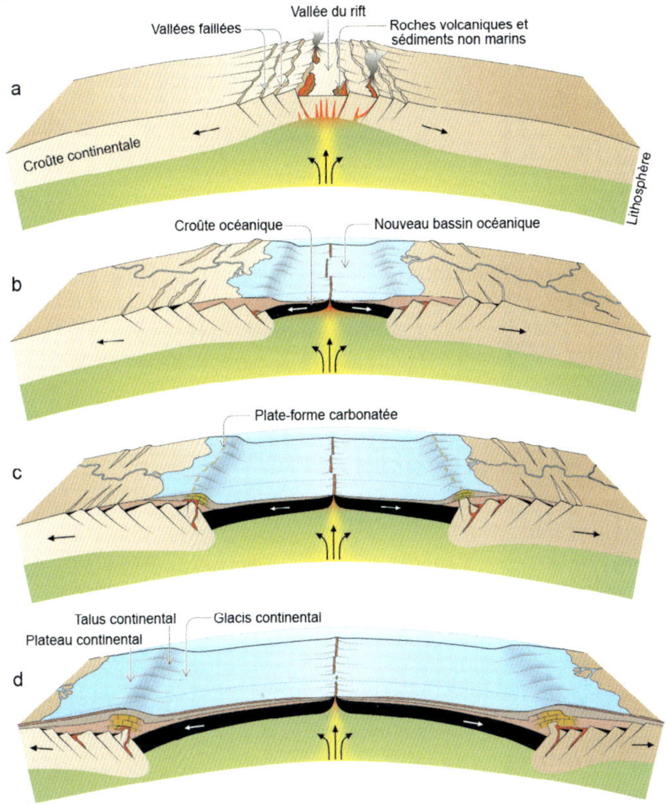

Fig. 42 • Schéma d'ouverture océanique.
a. Du fait du bombement, la croûte se fracture. Quelques remontées de magma génèrent des coulées basaltiques (en rouge). ›

b. Le processus se poursuit, le fond de la dépression est occupé par la mer. Des sédiments marins se déposent (en vieux rose) et un plancher océanique (en noir) s'installe (ex. mer Rouge).
c. d. L'océan s'ouvre de plus en plus (ex. Atlantique), des dépôts carbonatés, de sel ou fluvio-deltaïques viennent engraisser les marges de sédiments parfois très épais.

Fig. 43 • La ride médio-atlantique émerge au niveau de l'Islande (Pingvellir). Les anciennes coulées de lave de la plaque américaine, sur la gauche, s'effondrent en gros blocs qui basculent le long du fossé d'effondrement aujourd'hui occupé par de l'eau, jusqu'à ce qu'un nouvel épisode volcanique remplisse cette partie basse par de nouvelles laves. Un kilomètre plus à droite, on observe des structures symétriques, quand on remonte sur ce qui est la plaque européenne.

De longues failles apparaissent en surface. Des cassures parallèles au bombement se produisent comme le ferait un yaourt ou un flanc dont on soulève le fond. L'ensemble s'élève, mais relativement la partie centrale s'effondre. On connaît ce stade dans la *Rift Valley* africaine : la plaine où se trouve le lac Tanganyika est à 700 m d'altitude alors que les lèvres, de part et d'autre de la dépression, sont à plus de 1 700 m, et la *Rift Valley* en Éthiopie est à 1 800 m alors que le sommet des lèvres atteint plus de 3 250 m. Le long de certaines fractures, du magma s'introduit et s'épanche en surface sous forme de laves très fluides.

Par la suite, le magma et les parties de manteau remontées en surface refroidissent et s'écartent de la partie médiane. Plus froids, ils deviennent plus denses et s'enfoncent. La mer envahit cette dépression. La mer Rouge en est un bon exemple. Sur les bords du continent, selon leur profondeur et/ou leur situation, des dépôts de delta fluviatile, des carbonates ou du sel se déposent. Ce fut le cas des marges de l'Atlantique il y a environ 120 millions d'années.

Des océan s'ouvrent, s'élargissent, grandissent. Mais comme la Terre est ronde et d'une taille constante, si des surfaces augmentent à un endroit, elles doivent diminuer ailleurs. C'est la raison pour laquelle, ici et là, des plaques convergent, se rencontrent. Dans cet affrontement, généralement, la plus dense plonge sous l'autre et s'enfonce dans les profondeurs de la Terre, emportant avec elle les sédiments gorgés d'eau.

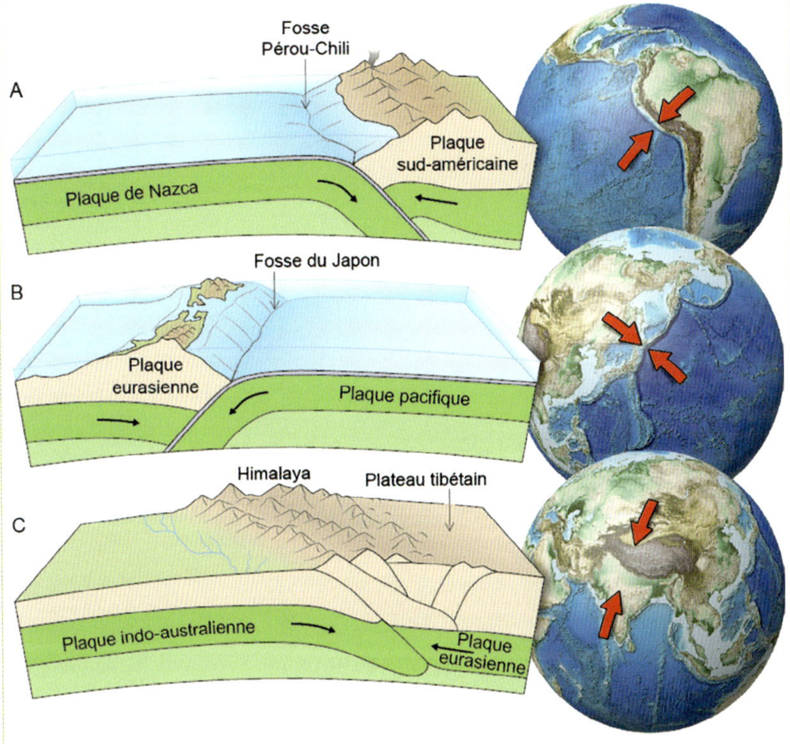

Fig. 44 • Principaux types de subduction.
a. Une plaque de croûte océanique plonge sous la croûte continentale d'un continent (tel l'Amérique), bien plus légère. Il se créé une fosse profonde de plusieurs milliers de mètres (la bathymétrie de la fosse du Pérou est d'environ - 6 500 m). La plaque qui plonge, constituée de matériel de type basaltique est « beurrée » de sédiments gorgés d'eau. En s'enfonçant, celle-ci hydrate des roches qui se mettent alors à fondre et remontent vers la surface où elles donnent naissance à un volcanisme très explosif typique des Andes (et de ce fait appelés andésitique).
b. Une plaque océanique plonge sous une croûte continentale dont seule une partie est émergée : le Japon par exemple est comme la mer de Chine situé sur la plaque ›

eurasienne (sur laquelle nous sommes). Ici encore, les sédiments de la plaque plongeante apportent de l'eau aux roches très profondes qui s'hydratent, fondent, remontent et nous offrent un volcanisme qui a tant inspiré les poètes et peintres japonais.

c. Une croûte continentale rencontre une croûte continentale. Étant de même densité, aucune n'a la prédisposition pour plonger. Elles s'affrontent. De nombreux plis se forment, des cassures en tous sens se multiplient. Aucune plaque ne plonge. L'affrontement conduit à un épaississement de la croûte. Son épaisseur double. En même temps, son relief augmente, des sommets s'élèvent jusqu'à des altitudes records : le mont Everest culmine ainsi à près de 9 000 mètres.

Fig. 45 • Le Mont Fuji (Japon) est un volcan mythique et typique lié au plongement de plaques, il est à la jonction de trois plaques plongeantes.

Celle-ci joue le rôle de fondant. Les roches fondues remontent sous forme de volcans qui caractérisent ces régions. On appelle ces régions des zones de subduction. Il en existe trois types principaux (*Fig. 44, 45*).

Quand les croûtes de deux plaques se rencontrent, généralement, celle qui est la plus dense plonge sous la plus légère. Différents cas de figures sont possibles (*Fig. 22*).

Les zones de fermeture d'océan, de convergence sont le lieu de fortes frictions entre les plaques, ce qui se traduit par des séismes, comme on en connaît le long de la cordillère des Andes, dans le sud-est asiatique, en Himalaya ou le long des chaînes alpines plus généralement.

« Paris sera toujours Paris », n'en déplaise à Maurice Chevalier : non !

Tout bouge… les plaques se déplacent sur le globe. Une localité est tantôt près de l'équateur, tantôt près d'un pôle. Ainsi, Paris (*Fig.46*) n'a pas toujours été dans une région tempérée. Il n'y a pas si longtemps, Paris était sous les tropiques.

Le temps géologique permet d'imaginer bien des choses : les montagnes actuelles qui furent précédemment le fond de l'océan (*Fig.29*) et nos principales villes, nos capitales, qui furent ennoyées. Ainsi, Paris est construite avec des myriades de minuscules squelettes d'organismes qui vivaient sur le fond d'une mer chaude et peu profonde.

Il y a 45 millions d'années en effet, une mer claire baignait d'immenses surfaces : la plupart de l'Europe, l'Afrique du Nord, l'Égypte, la péninsule arabique, bref la plupart des pays qui ceinturent la Méditerranée d'aujourd'hui. Le climat était alors tropical car le Bassin parisien se situait à environ 40° de latitude nord (quelques 1 000 km plus au sud qu'aujourd'hui).

Dans la mer, de petits organismes pullulaient, dans l'eau et sur le fond : petits gastéropodes en forme de vérins, organismes unicellulaires sous forme de petite monnaie, d'où le nom de nummulites qu'on leur a donné, etc.

Fig. 46 • Paris est majoritairement construite avec des calcaires à milioles qui se sont formés dans des environnements tropicaux.

›

À leur mort, ces organismes s'empilaient sur le fond de l'océan. Le sable ainsi formé n'était constitué que de ces restes, complets ou fragmentés. Avec le temps et la pression des sédiments sus-jacents, le sable s'est induré, est devenue roche. La pierre ainsi formée est beige claire et présente de petits grains, qui correspondent aux squelettes et à leur couleur. Le matériau est solide mais accepte de se laisser tailler assez facilement si bien qu'il est utilisé comme pierre de construction. Notre capitale, Paris, est construite avec ce matériau de grande qualité et c'est l'unicité de teinte qui procure une belle homogénéité à nos bâtiments.

Cette roche que l'on retrouve là où cette mer existait, est aussi utilisée… en Afrique du Nord pour construire des bâtiments, en tout ou partie. C'est ainsi que les gros blocs de granite des pyramides sont recouverts de blocs de calcaires riches en nummulites.

6 Les continents : des puzzles

Les continents bougent les uns par rapport aux autres. Sans cesse ils se rapprochent ici alors qu'ils s'éloignent là. Bien entendu, les frontières ne sont pas toujours les mêmes : la séparation ne se fait pas forcément exactement à l'endroit où s'est effectuée la dernière soudure si bien qu'au bout de quelques tours de piste, il devient très difficile de retrouver les grands blocs initiaux. En d'autres termes, un continent dont les pièces seraient colorées ressemblerait à Arlequin et remonter dans le temps consiste à débrouiller un véritable puzzle.

Les continents bougent donc et ils semblent le faire avec un certain rythme, en tournoyant, ce qui justifie l'appellation « valse des continents ». Effectivement, il faudrait plutôt parler de pseudo cycle car tous les 500 millions d'années ils se rassemblent en un seul bloc, formant un super continent comme la Pangée, il y a 250 millions d'années, puis s'éparpillent comme ils le sont aujourd'hui avant de se regrouper à nouveau quelques centaines de millions d'années plus tard...

Ce cycle a dû se reproduire une dizaine de fois au cours des temps géologiques. Cependant, comme ce perpétuel remaniement de la surface terrestre provoque la perte d'éléments géologiques témoins, il devient de plus en plus difficile de reconstituer ces changements en remontant le temps. De ce fait, seul l'épisode bien documenté de la Pangée (il y a 250 millions d'années) et de son éclatement est bien établi. Antérieurement, quelques éléments des épisodes précédents ont commencé à être correctement documentés, comme la Rodinia, entre 1,1 milliard d'années et 750 millions d'années (*Fig.47*). Néanmoins, les archives géologiques ont démontré l'existence de divers autres moments de supercontinent. Ainsi, actuellement, on reconnaît les supercontinents suivants : Pangea : vers 300 Ma ; Pannotia : vers 600 Ma ; Rodinia : entre 1,1 Ga à 750 Ma ; Columbia : de 1,8 à 1,5 Ga ; Kenorland : de 2,7 à 2,1 Ga ; Ur : autour de 3 Ga ; Vaalbara : vers 3,6 à 2,8 Ga.

Les changements de la configuration des continents expliqueraient notamment certains faits dans l'évolution des espèces vivantes. Ainsi, l'agrégation des diverses unités de la croûte terrestre a provoqué l'extinction massive des espèces littorales au Permien ; tandis que la dispersion des plaques tectoniques qui a suivi a, au contraire, favorisé une diversification des espèces au cours des ères secondaire et tertiaire.

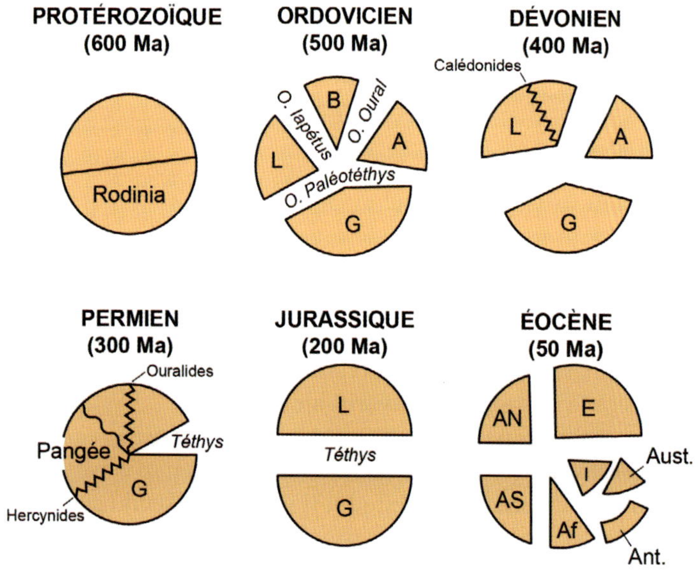

Fig. 47 • La valse des continents.
Le rapprochement ou l'éclatement des principales masses continentales depuis 600 millions d'années montre deux éclatements successifs des masses.
En haut : dans le supercontinent de la Rodinia s'ouvrent trois océans : Iapétus, Oural et Paléotéthys isolant quatre continents : L = Laurentia, B = Baltica, A = Asia et G = Gondwana. Cet éclatement est accompagné d'une augmentation de la biodiversité. Vers 400 millions d'années, L et B se soudent pour former la chaîne de montagnes de Calédonides que l'on retrouve en Écosse, d'où leur nom, mais aussi dans les Ardennes par exemple.
En bas : les blocs G, A et L se sont regroupés en formant deux grandes chaînes de montagnes : les Ouralides (Oural) et les Hercynides (que l'on connaît dans le massif du Harz, en Allemagne, mais aussi en Bretagne, dans le massif Central, dans les Ardennes...). La biodiversité connaît alors sa plus grande crise. Mais l'océan Téthys s'ouvre alors, séparant la Laurasia, au nord (qui s'étend de la région du Saint-Laurent, au Canada, jusqu'à l'Asie) et le Gondwana, au sud (qui comprend l'Amérique du Sud, l'Afrique, l'Australie, l'Inde, l'Antarctique...). La biodiversité connaît une grande période d'épanouissement. L'Atlantique s'ouvre ensuite en plusieurs étapes séparant *in fine*, l'Amérique du Sud (AS), l'Amérique du nord (AN), l'Afrique (Af), l'Antarctique (An), l'Australie (Aust.), l'Inde (I) et l'Eurasie. Ce fut le maximum d'éclatement car aujourd'hui l'Inde a rejoint l'Eurasie en formant l'Himalaya, l'Afrique est en train d'emboutir l'Eurasie formant les Alpes... On se dirige vers une période de regroupement.

Ces mouvements incessants expliquent qu'à l'échelle du globe, on trouve des éléments de tailles très variables avec des frontières aux contours sinueux.

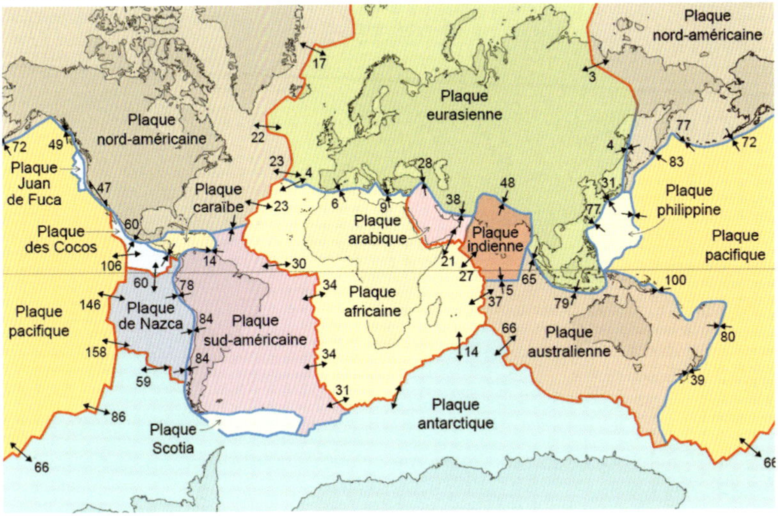

Fig. 48 • Disposition des plaques tectoniques qui constituent notre monde actuel.

Les plaques des Cocos, caraïbe et arabique sont parmi les plus petites, les plaques eurasienne et pacifique parmi les plus grandes. La plaque antarctique semble énorme sur cette représentation, mais il s'agit d'un artifice cartographique lié au type de représentation du globe sous forme de rectangle (il s'agit ici de la projection de Mercator, elle conserve les angles mais pas les surfaces : l'Amérique du Sud semble plus petite que le Groenland alors qu'elle est neuf fois plus grande). Les chiffres indiquent les vitesses d'ouverture (⟷)ou de fermeture (→←), en mm/an.

Le globe est un puzzle de plaques en évolution (*Fig.48*). En outre, chaque continent aussi est constitué d'un patchwork de fragments. La Méditerranée orientale par exemple est elle-même constituée de plusieurs blocs qui se déplacent les uns par rapport aux autres (*Fig.49*).

Même encore à l'échelle plus restreinte d'un seul pays, on retrouve jointifs des blocs qui ont pu être en des lieux très éloignés sur le globe à un moment de leur histoire. Si aujourd'hui, Lille et Perpignan sont éloignés de près de 1 000 km, il y a quelques centaines de millions d'années ces deux points étaient éloignés de plus de 20 000 km. Les éléments les plus anciens sont les plus fragmentaires, notamment parce qu'ils ont été concernés par les transformations ultérieures à leur formation (plissements, fracturations, érosion partielle, voire « cuits » [on dit métamorphisés]). On retrouve ainsi aujourd'hui, une succession de quatre grandes chaînes de montagnes sur le territoire métropolitain : chaîne iranienne, calédonienne, hercynienne et alpine.

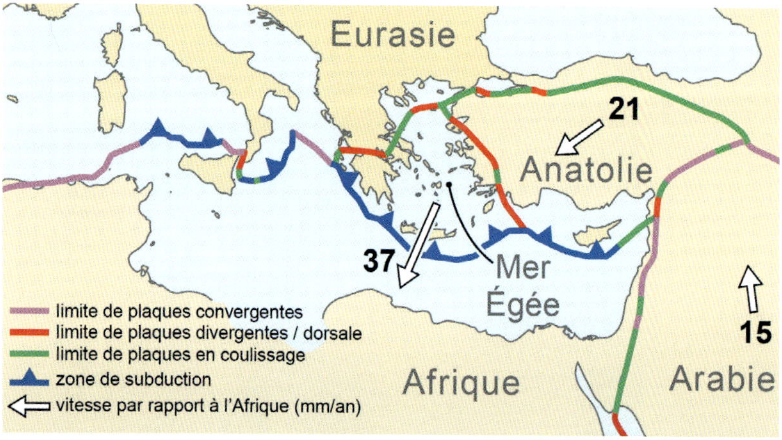

Fig. 49 • Schéma de la Méditerranée orientale soulignant les mouvements relatifs des blocs.
L'Arabie remonte vers le nord d'environ 15 mm/an, repoussant le bloc anatolien (Turquie) vers le sud-ouest à une vitesse de 21 mm/an. Ce déplacement est responsable du grand glissement de la faille nord anatolienne (nord de la Turquie) qui passe dans la région du Bosphore là où l'on s'attend à un séisme majeur dans les années à venir (mais… quand ?). La plaque arabique glisse le long de la mer Égée, le long d'une faille dite faille du Jourdain, celle qui aligne des dépressions de la mer Rouge au lac de Tibériade en passant par la mer Morte etc.
La ligne bleue souligne les endroits où la plaque Afrique plonge sous la plaque Eurasie, le long de laquelle tant de séismes sont dénombrés ; tant en Grèce qu'en Italie et Afrique du Nord.

7 Les continents de demain

Les plaques tectoniques se déplacent lentement à l'échelle humaine, mais elles ont une telle inertie que l'on peut aisément se projeter dans l'avenir pour au moins quelques millions d'années. Elles continueront leur ballet avec des rapprochements, mariages, chevauchements, divorces, fractures pendant quelques centaines de millions d'années tant que l'intérieur du globe ne sera pas suffisamment refroidi. Même si ce temps semble très long à nos yeux, il ne s'agit cependant pas d'une éternité car progressivement la Terre refroidit : les échanges de chaleur se feront de moins en moins importants pour finalement s'arrêter. La Terre deviendra un solide parfaitement stable sans déplacement, comme le sont aujourd'hui la Lune ou Mars. Mais cette échéance nous laisse encore quelques centaines de millions d'années de danse des plaques.

La mer Méditerranée actuelle n'est que le vestige d'un ancien océan largement ouvert vers l'est, l'océan téthysien. Quand le sud de l'océan Atlantique a commencé à s'ouvrir, il y a quelques 120 millions d'années, le sud de l'Afrique a tourné sur lui-même. Sa partie nord-est a commencé à se rapprocher du continent de l'Eurasie au nord. L'océan téthysien s'est refermé, il n'en reste aujourd'hui que la mer Méditerranée. Comme ce phénomène se poursuit, la Méditerranée diminue de taille, inexorablement. Dans une vingtaine de millions d'années, la mer ne sera plus qu'un souvenir. Au plus, sera-t-elle encore une petite mer intérieure, voire représentée par quelques petits lacs.

Dans l'est de la Méditerranée, la Turquie, coulissant au sud de la mer Noire se sera déplacée vers l'ouest, rapprochée de l'Europe avec la Grèce alors que l'Arabie et tout le Moyen-Orient seront remontés vers le nord. Alors la Turquie sera à l'ouest de l'Arabie et non plus au nord.

La baie de San-Francisco sera refermée et toute la ville se retrouvera quelques 2 000 km plus au nord, au niveau du Canada, alors que la ville d'Oakland n'aura pas bougé et restera à proximité de la plaine de Sacramento. La majeure partie de la Californie et toute la Basse-Californie (Mexique) seront remontées en s'écartant légèrement du continent américain.

La configuration des continents sur une carte nous apparaîtra un peu de guingois. L'Amérique du Nord aura tourné un peu sur elle-même dans le sens contraire des aiguilles d'une montre. L'Eurasie au contraire tourne dans le sens des aiguilles d'une montre si bien que la Grande-Bretagne, remontée vers le nord sera proche du pôle Nord. La Sibérie, quant à elle descendue vers le sud, sera proche de latitudes tropicales…

Dans 50 millions d'années, l'Afrique aura continué son rapprochement de l'Europe si bien qu'elle finira par refermer la Méditerranée et la mer Rouge (*Fig. 50*). À la place d'une mer, on aura désormais une chaîne de montagnes.

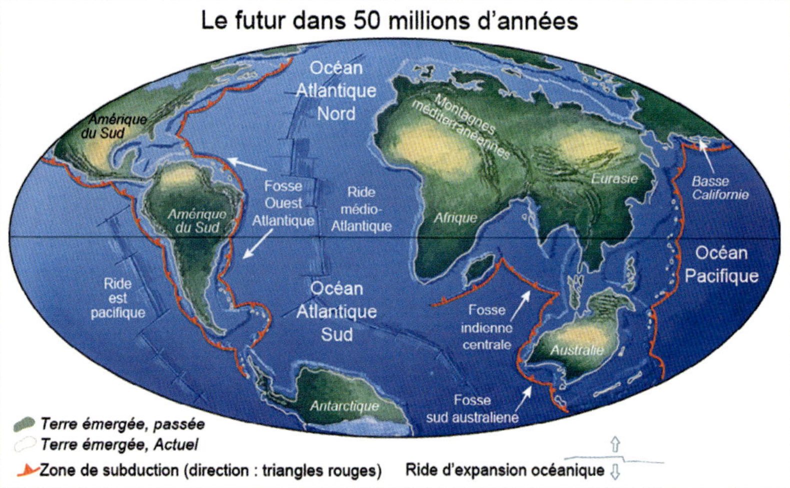

Fig. 50 • La Terre telle qu'on peut l'imaginer dans 50 millions d'années.
Le rapprochement Nord/Sud est une réalité (modifié, d'après C.R. Scotese, 2000).

8 La Valse des continents et la vie

Les connexions entre tectonique des plaques et la vie sont diverses et multiples. Certaines sont supposées, d'autres sont évidentes.

Vie à l'origine de la subduction ?

Les premiers vestiges des systèmes vivants, comme les tapis microbiens, démontrent que la vie interagissait déjà avec son environnement il y a plusieurs milliards d'années. Les conditions physiques et chimiques sur Terre ont permis l'apparition de la vie, la vie en retour influence le fonctionnement de la planète. Il se pourrait même que les microbes aient apporté l'énergie chimique nécessaire à la création des continents. Et si la vie avait créé les continents… C'est en tout cas la théorie du géologue danois, Minik Rosing[9], qui pourrait à la fois expliquer la présence de granite, roche inconnue ailleurs dans le système solaire, et la formation des croûtes continentales (*Fig. 51*).

Les premiers océans seraient apparus il y a 4 400 millions d'années, et des continents stables il y a 3 800 millions d'années, simultanément aux prémices de la photosynthèse. Selon Rosing et son équipe, les premières formes de vie à photosynthèse auraient pu apporter l'énergie nécessaire à des changements chimiques dans la lithosphère. En convertissant l'énergie solaire en énergie chimique, ces premières bactéries auraient ainsi influencé les cycles biogéochimiques de notre planète et son activité géologique. La Terre est la planète de la vie. La vie a introduit des déséquilibres chimiques pouvant conduire aux granites. On ne connaît pas de granite ailleurs que sur notre planète et, au début de son existence, les roches qui se formaient n'étaient pas granitiques mais des roches qui ne se forment plus aujourd'hui (TTG[10] et des komatiites).

9. Rosing M., Bird D., Sleep N., Glassley W. & Albarède F. (2006), « *The rise of continents – An essay on the geologic consequences of photosynthesis* », Palaeogeography, Palaeoclimatology, Palaeoecology, n° 232, p. 99-113.

10. Les TTG (Tonalite-Trondhjémite-Granodiorite) constituent les trois quarts du volume des terrains archéens.

Ainsi le granite serait un marqueur de la présence de vie, ce qui conduirait à pouvoir dire que, indirectement certes, le granite est dû à la vie.

Fig. 51 • **Les massifs de granites sont constitués de roches solides mais, avec le temps... eux aussi s'altèrent.**
Ils le font sous forme de boules empilées caractéristiques formant des « chaos » granitiques, tels celui-ci de Montselgues (Ardèche, Carbonifère, 300 millions d'années).

Ainsi la vie pourrait être responsable de la présence des continents tels que nous les connaissons sur Terre. Tout ceci n'est qu'une hypothèse, mais elle témoigne de l'importance potentielle de la vie sur le fonctionnement global de la planète. À suivre.

Sans tectonique des plaques, pas de vie

La tectonique des plaques génère des reliefs sur lesquels l'altération et l'érosion s'en donnent à cœur joie permettant de mobiliser de nombreux éléments chimiques. Le gaz carbonique en particulier (CO_2, dioxyde de carbone) est piégé lors de l'altération, soustrait à l'atmosphère, diminuant ainsi l'effet de serre, sans lequel certains auteurs supposent que la vie aurait eu du mal à s'imposer sur la terre ferme. Par ailleurs, le manteau terrestre contient de grandes quantités d'eau (deux à trois fois le volume des océans) dont une partie ressort en surface lors des éruptions volcaniques. Le Vésuve par exemple (*Fig. 52*) a rejeté lors de son éruption de 1929, un million de mètres cubes d'eau en seulement quatre jours.

On peut donc dire que c'est grâce à la tectonique des plaques que la Terre a pu conserver ses océans et bénéficier d'une atmosphère humide.

Fig. 52 • L'activité du Stromboli (2003) se note, surtout la journée, par un dégagement important de vapeur d'eau.

Supercontinent et crises

On a vu (voir § 6) que les continents sont dispersés sur la sphère terrestre ou au contraire regroupés en supercontinents (*Fig. 47*). Ceux-ci se forment lorsque la Terre est calme et que les croûtes océaniques ne se créent plus ou presque. La majorité d'entre elles, anciennes et refroidies, sont alors denses et basses. Les océans sont profonds (vers 5 500 m, alors qu'ils sont en moyenne vers 2 500 m avec une croûte jeune et chaude) et le niveau de la mer est relativement bas. Les plateaux continentaux sont émergés. Inversement, lorsque la Terre est active, les continents se fracturent, une nouvelle croûte océanique se forme. Celle-ci, très jeune, chaude, peu dense possède une grande flottabilité (*Fig. 53, 54*). L'océan est alors moins profond et le niveau des eaux est élevé, recouvrant une grande partie du plateau continental.

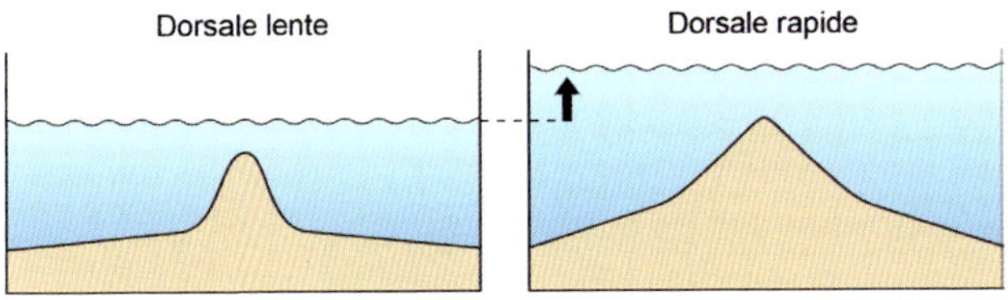

Fig. 53 • Variation du niveau marin en fonction de la vitesse d'accrétion au niveau des dorsales.

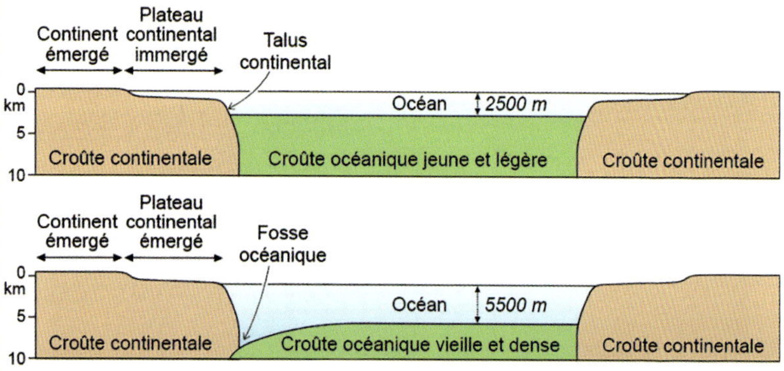

Fig. 54 • Différence entre une période de Terre active (en haut) et inactive (en bas).
La surface des terres émergées dépend en grande partie de la profondeur des océans. Une lithosphère océanique jeune est chaude et légère, elle s'enfonce donc peu dans l'asthénosphère, les océans sont peu profonds et l'eau recouvre le plateau continental. Inversement, une lithosphère océanique vieille est froide et dense, elle s'enfonce dans l'asthénosphère : les océans sont plus profonds, le niveau global des mers est bas, le plateau continental reste émergé.

Dans les océans actuels, l'essentiel de la biomasse (~85 %) se trouve sur le plateau continental (*Fig. 55*). Il en résulte que les périodes d'existence de supercontinents, c'est-à-dire lorsque les océans profonds permettent l'émersion du plateau continental, sont peu favorables à la prolifération de la vie. De plus, l'existence d'une seule et unique masse continentale favorise le développement de climats continentaux, aux dépends des climats océaniques. Il en résulte des hivers très froids permettant l'édification de calottes glaciaires qui fixent l'eau océanique sur les continents sous forme de glace, ce qui a pour effet de faire encore baisser le niveau des mers. Lors de la fragmentation des supercontinents, les conséquences sont inverses car la petite taille des masses continentales favorise les climats océaniques plus doux, les calottes glaciaires fondent et font remonter le niveau des mers.

Le pseudo-cycle des supercontinents/éclatements (*Fig. 47*) influe aussi sur l'évolution darwinienne du monde vivant. Lorsque les continents sont fragmentés et dispersés à la surface du globe, chacun constitue un milieu isolé, où la pression de sélection est forte de telle sorte que l'évolution et la diversification pourront se produire indépendamment de ce qui se produit sur les autres continents. Des espèces pourront se différencier sur chacun des blocs, ce que l'on appelle une « spéciation allopatrique ». On observe de ce fait, une augmentation de biodiversité, en termes d'espèces, lorsque les continents se séparent, comme c'est le cas depuis 250 millions d'années. En revanche, sur les supercontinents, les possibilités d'isolement sont rares, ce qui conduit à une diversification peu importante.

Fig. 55 • Dans la baie du Mont Saint-Michel, des amoncellements de coquillages constituant de véritables petites digues témoignent de l'abondance de la vie, ne serait-ce que celle qui nous laisse des traces par son squelette.

Par ailleurs, des espèces qui vivaient en équilibre dans un certain environnement se trouvent en compétition avec d'autres et généralement quelques-unes deviennent dominantes au détriment des autres. On a pu observer il y a 2,5 millions d'années, quand une connexion s'est effectuée entre l'Amérique du Nord et l'Amérique du Sud, que ces rapprochements peuvent conduire à une diminution du nombre d'espèces.

Avant - 2,5 millions d'années, les deux Amériques avaient des faunes bien distinctes. Après la fermeture de l'isthme de Panama, on constate que des organismes d'Amérique du Sud gagnent le Nord : porcs-épics, opossums, fourmiliers accompagnés de tatous, de glyptodontes (sorte de tatou géant de deux tonnes), de capibaras (grand rongeur aussi appelé cochon d'eau), ou encore de pangolins et de paresseux terrestres.

À l'inverse des chevaux, camélidés, cerfs, tapirs, éléphants, ratons-laveurs et divers mustélidés (loutres et visons), pécaris s'installent en

Fig. 56 • Les vigognes nous semblent caractériser l'Amérique du Sud, pourtant ce sont des migrants, venus d'Amérique du Nord quand l'isthme de Panama s'est formé, il y a un peu plus de deux millions d'années (de la réserve de la Haute-Touche).

Amérique du Sud. Il s'agit du meilleur exemple d'échanges de faunes à grande échelle, dans les deux sens, suite à une amalgamation de terres, pour les organismes terrestres et d'eau douce. L'échange a été équilibré dans un premier temps : autant de migrants dans un sens que dans l'autre, mais après un million d'années, les mammifères du Nord ont continué à vivre et s'installer en Amérique du Sud, alors que ceux du Sud, soit se sont éteints, soit ont représenté une faible composante de la faune du Nord. Aujourd'hui, seuls 10 % des genres de mammifères d'Amérique du Nord viennent du Sud, alors que près de la moitié de la faune du Sud est originaire du Nord. Ce qui caractérise les faunes du Sud, aujourd'hui, sont en fait des migrants du Nord : les alpagas, lamas, guanacos et vigognes (*Fig. 56*).

Il existe une étroite corrélation entre le nombre de familles vivant à la surface de notre planète et le cycle des supercontinents[11].

Pour une raison encore mal connue, les continents semblent successivement se regrouper puis s'écarter, selon un pseudo cycle d'environ 250 millions d'années, le niveau de l'eau en est affecté et par conséquent la richesse de la biodiversité. Ainsi par exemple, quand les continents étaient regroupés en Pangée (une seule terre) il y a 250 millions d'années (*Fig. 47*), le niveau de l'eau est descendu de plus de 200 mètres et la biodiversité a connu une très grande crise au niveau mondial, touchant tous les groupes. On dit souvent de cette époque que la vie a failli disparaître puisque 96 % des espèces marines ont disparu. Comme ce sont les grandes modifications du monde vivant qui

11. Rogers J.J.W. et Santosh M. (2004), « *Continents and supercontinents* », Oxford univ. Press, 300 pages.

ont d'abord permis de découper l'échelle des temps géologiques, cet événement de l'histoire de la Terre et de la vie sépare l'ère primaire, ou paléozoïque (les temps de la vieille vie) de l'ère secondaire, ou mésozoïque (ceux de la vie médiane).

Roches du manteau et végétation

Le manteau n'existe à la surface des continents que lorsque certains de ses fragments ont été emportés dans les grands plissements de chaînes de montagnes. Il en est ainsi en plusieurs endroits du monde. On peut parfois les repérer rien qu'à la végétation.

Certains monts sont totalement dépourvus d'arbres. On les qualifie de « chauves ». En Aveyron, à une petite dizaine de kilomètres au sud-est de Decazeville, par exemple, la région boisée laisse soudainement apparaître, à Firmi, une colline, une seule, sans un arbre, sans une maison. Cette colline, le Puy du Wolf, est chauve (*Fig. 57*). Elle est constituée d'une roche verte, avec de jolies moirures plus sombres ou jaunâtres. Cette pierre fut utilisée au Moyen Âge pour construire notamment la fontaine du cloître de Conques (*Fig. 58*). De nos jours, elle est aussi souvent employée en placage pour le parement de façades de nombreux magasins. Elle ressemble, à l'œil et au toucher, à une peau de serpent, d'où son nom de serpentinite. Son origine est profonde puisqu'il s'agit d'une partie du manteau terrestre qui a été transformée par des fluides hydrothermaux : elle résulte de la fermeture d'un ancien océan il y a 406 millions d'années.

Cette roche particulière, de par sa composition chimique empêche les arbres de s'élever et favorise au contraire certains buissons ou plantes que l'on ne trouve que là (tel le « tabouret de Firmi », unique au monde).

On connaît d'autres collines avec une telle roche, et à chaque fois il s'agit d'une « curiosité ». Ainsi dans le nord de l'Ardèche, sur le Suc de Clava, les arbres – le chêne pubescent, le frêne commun et le sorbier des oiseleurs – ne dépassent pas quelques dizaines de centimètres de hauteur. En Italie, on connaît aussi le mont Pelé, dans la plaine du Pô (au sud-est d'Ivrea). Au Japon, plusieurs montagnes de serpentinite sont appelées *Bozu-yama*, *bozu* signifiant une tête chauve, un moine bouddhiste et *yama*, montagne.

Fig. 57 • Le mont Wolf, en Aveyron, contraste par sa nudité : quelques herbes, ni arbres ni construction. Alors qu'à sa périphérie, les habitations se disputent les places avec les arbres.

Fig. 58 • La fontaine du cloître de Conques (Aveyron), vert sombre, a une couleur qui tranche avec celle des pierres calcaires dorées car elle est constituée de serpentine, roche qui affleure à quelques kilomètres au mont Wolf.

La morphologie et l'allure de nos paysages résultent de l'interaction d'un ensemble de facteurs. Le premier critère est le soubassement, rocheux ou alluvial. C'est pourquoi, on ne trouve pas de peupliers et de canards sur un sol calcaire, pas plus que l'on ne trouve de chênes et de lézards verts sur des argiles. Les viticulteurs tiennent compte de cette relation depuis bien longtemps.

9 Histoire de la découverte Comment est venue l'idée ?

L'idée d'une séparation entre l'Amérique et l'Afrique

L'idée de la dérive des continents fait suite à une série de propositions autour de la question. La difficulté, comme souvent, est alors d'attribuer la paternité d'une idée.

Wegener (*Fig. 59*) est réputé être le père de l'idée de la dérive des continents mais, de fait, comme toujours l'idée n'apparaît pas soudainement dans la tête d'un homme. « *Lorsqu'une théorie est enfin admise universellement, on s'aperçoit qu'elle avait été formulée bien auparavant en grand détail, et souvent étayée d'arguments très* solides » F. Schiler. De ce fait, certains Britanniques, attribuent la paternité de l'idée à Francis Bacon (1561-1626), homme d'État et philosophe anglais, dans son « *Novum organum* » publié en 1620. Dans cet ouvrage, il mentionnait, en effet, la correspondance des formes de côtes entre l'Afrique et l'Amérique du Sud. Cette paternité de dérive des continents est déniée par le Britannique, Antony Hallam, professeur à Oxford, car Bacon ne parlait pas de dérive, pas plus que de séparation, seulement de la correspondance de formes. De la même façon que le moraliste français François Placet, en 1666, publia « la corruption du grand et petit monde » dans lequel il supposait qu'avant le Déluge, les continents devaient être unis, et l'Atlantique serait alors apparu par effondrement, et non par séparation de l'Afrique et de l'Amérique. Buffon retenait aussi la même hypothèse d'un effondrement de l'Atlantide au centre de l'océan.

Fig. 59 • Alfred Wegener (1880-1930)

Le second fils de Charles Darwin, George, parle lui aussi de mobilité des continents. À une époque très reculée, la lune aurait été arrachée à la Terre, y laissant la gigantesque cicatrice du Pacifique. Selon cette théorie encore défendue aujourd'hui par quelques-uns[12], la Lune aurait été extraite il y a 250 millions d'années !

Au début du XIXe siècle encore, l'Allemand, Alexander von Humboldt, frappé de la ressemblance entre les côtes orientales de l'Amérique et la côte occidentale de l'Afrique, suggéra que l'Atlantique pouvait être une gigantesque vallée excavée par la mer. Il ne parlait toujours pas d'écartement.

En revanche, au milieu du XIXe siècle (1858), le géographe français, Antonio Snider-Pellegrini (1802-1885), évoque la séparation des continents et rapporte l'existence d'assemblages de fossiles communs, du Carbonifère, entre les côtes de l'Irlande et de l'Amérique (*Fig. 60*).

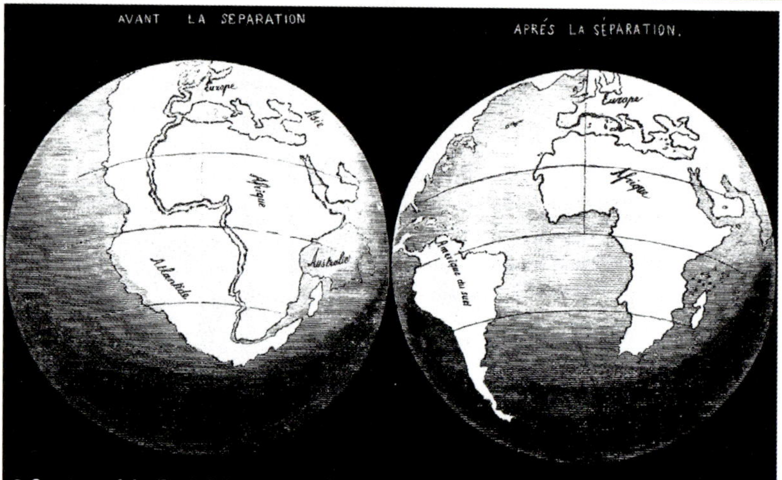

Fig. 60 • Cartes publiées en 1858 par le géographe français Antonio Snider-Pellegrini pour illustrer sa conception de la dérive des continents. Sa figure 9, intitulée « avant la séparation » explicite l'idée.

12. André Vandenbergue (2005). *La théorie de la Lune*, Toulouse, impr. Lussaud, 205 pages

Un moteur inexploité

Le premier ♫ qui dit ♫ ♫ la vérité ♫ …

Au XIXe siècle, les débats sur l'âge de la Terre font rage. Les géologues, les naturalistes en général, sont conduits à admettre des centaines de millions d'années, mais ils ne peuvent chiffrer les durées. Les physiciens leur opposent des calculs élaborés à partir de lois de conduction de chaleur. Les naturalistes s'inclinent devant les chiffres. Les physiciens conduits par Lord Kelvin (*Fig. 61a*) admettent une Terre qui se refroidit uniformément depuis son origine. Pourtant, un de ses élèves, John Perry (*Fig. 61b*) propose un autre type de calcul.

a. William Thomson, Lord *Kelvin*.

b. John Perry.
Fig. 61

Dans ses calculs, publiés en 1895, Perry considère une Terre avec une croûte solide de 50 km d'épaisseur, soumise à la conduction thermique surmontant un manteau fluide, avec convection. Avec cette structure de la Terre, les gradients thermiques mesurés près de la surface sont compatibles avec un âge de quelques milliards d'années. Il a introduit l'idée que la chaleur circule plus facilement en profondeur qu'en surface. Il en parle avec son mentor, Lord Kelvin et essaie de le convaincre. En vain. Kelvin repousse ses idées, Perry abandonne ce sujet et se tourne vers la mécanique.

L'argument échappa à Kelvin et… à beaucoup d'autres. Les implications étaient pourtant capitales car ces mouvements de convection dans le manteau sont ceux qui permettent la dérive des continents, théorie qui sera proposée une vingtaine d'années plus tard par Wegener mais qui sera rejetée… faute de moteur ! Le modèle de Perry offrait le moteur qui manquera à Wegener !

Wegener et la dérive des continents

Le premier ♫ qui dit ♫ ♫ la vérité ♫ …

La dérive des continents, puis la tectonique des plaques ont été une révolution dans les sciences de la Terre. Le réputé père de cette théorie est Alfred Wegener, astronome puis météorologue allemand. Wegener s'est intéressé à toutes les disciplines contribuant à la compréhension de la Terre – climatologie, volcanisme, paléontologie, magnétisme, océanographie, glaciologie, etc. Il s'est ainsi donné une vision globale de l'évolution de la planète.

En 1912 paraît son ouvrage intitulé « L'origine des continents et des océans », où il développe une théorie selon laquelle les continents se sont déplacés au cours de l'histoire géologique. En 1910, il écrit à sa fiancée : « la côte Est de l'Amérique n'épouse-t-elle pas parfaitement la forme de la côte Ouest de l'Afrique, comme si elles avaient été jointes autrefois ? ». Il a 32 ans, aucun diplôme de géologie, a effectué des études de sciences naturelles et obtenu un doctorat d'astronomie. Quand ses travaux sont traduits, en 1924, la réprobation est unanime. Un géologue anglais a déclaré « Quiconque voudra être considéré comme un scientifique sérieux ne pourra jamais défendre une telle théorie ». En dépit des éléments qu'il apporte ensuite (présence de fossiles et de roches similaires (*Fig. 62 et 63*) de part et d'autre de l'océan Atlantique…), il n'est pas écouté. Il avait près d'un demi-siècle d'avance. On sait ce qu'il adviendra de cette idée avec la révolution des années 1970 et la tectonique des plaques.

Wegener ne s'était pas contenté de faire des rapprochements entre les formes des côtes de part et d'autre de l'Atlantique. Il avançait aussi des arguments de différents types : paléontologiques et lithologiques…

Arguments paléontologiques

Sur les continents de chaque côté de l'Atlantique, se trouvent des fossiles identiques de plantes et d'animaux terrestres qui ont près de 250 millions d'années. Leur localisation s'explique seulement si les continents étaient alors jointifs (*Fig. 62*).

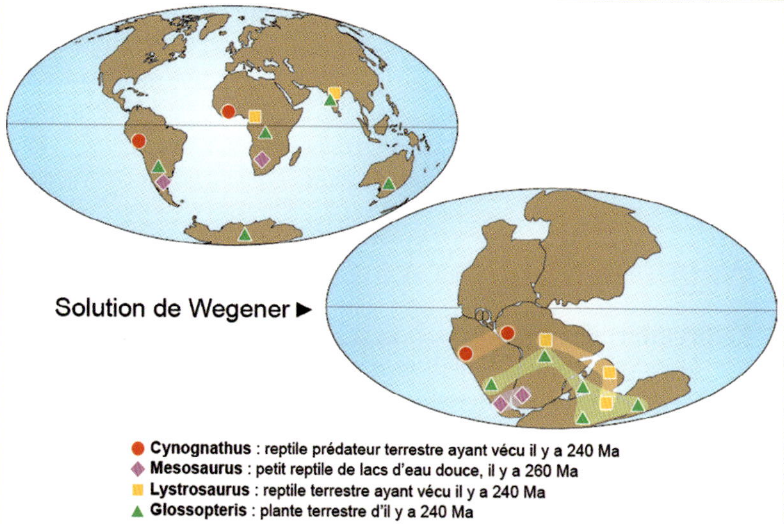

Fig. 62 • Localisation de fossiles sur une carte actuelle, à gauche, sur une carte avec les continents rassemblés en un seul, le Gondwana, à droite.

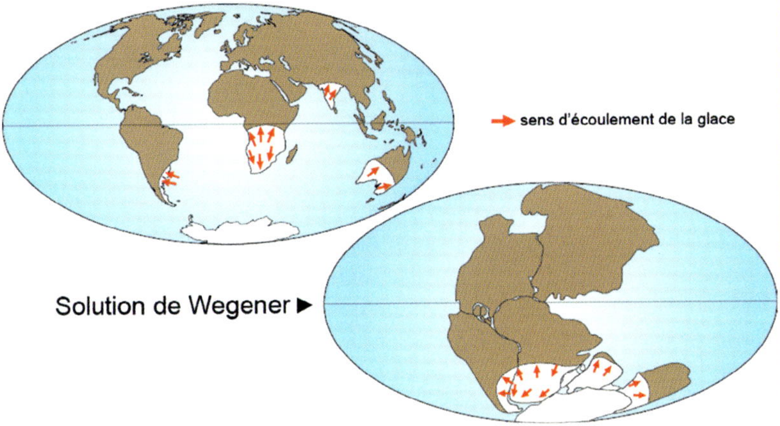

Fig. 63 • **Localisation des traces d'anciennes glaciations sur une carte actuelle, à gauche, sur une carte avec les continents rassemblés en un seul, le Gondwana, à droite.**

Les types de roches

Les continents sont constitués d'ensembles d'âges différents. Les massifs les plus anciens semblent ne plus bouger, on les appelle des « boucliers ». Il en existe en Amérique du Sud, Afrique et Australie (*Fig. 64*). Ici encore, les rapprochements des continents révèlent un ensemble cohérent (Wegener n'avait pas utilisé le bouclier australien).

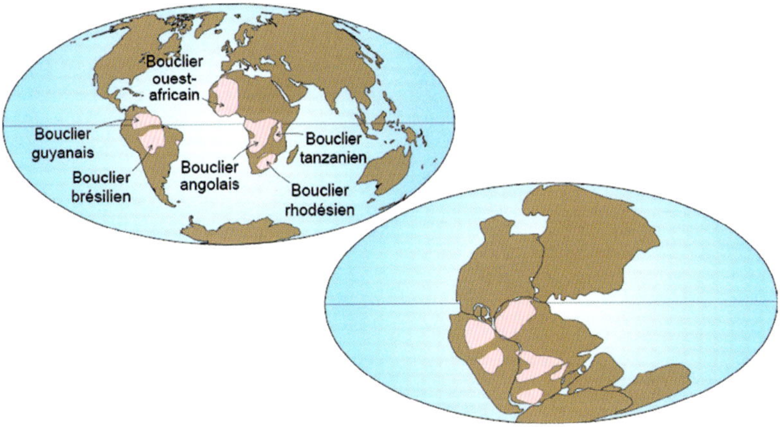

Fig. 64 • **Cartes de répartition des blocs continentaux (boucliers) plus vieux que deux milliards d'années, selon la position géographique actuelle et reconstituée.**

›

On notera, en particulier, les deux petits éléments de bouclier au Brésil (São Luis au nord et Salvador, au sud, de part et d'autre de la pointe orientale de Recife) qui prennent tout leur sens quand ils sont mis en face de l'Afrique : ils prolongent parfaitement le bouclier ouest-africain pour l'un, le bouclier angolais pour l'autre. Le bouclier australien n'était pas mentionné par Wegener, il n'est donc pas représenté ici.

Chaînes de montagnes

De part et d'autre de l'Atlantique Nord existent des chaînes de montagne d'âges différents dont la structure confirme l'idée d'ouverture.

Les trois chaînes de montagnes, Appalaches (est de l'Amérique du Nord), Mauritanides (nord-est de l'Afrique) et Calédonides (îles Britanniques, Scandinavie), aujourd'hui séparées par l'océan Atlantique, ne forment qu'une seule chaîne continue si on rapproche les continents (*Fig. 65*). De plus, les géologues savaient qu'effectivement ces trois chaînes ont des structures géologiques identiques et qu'elles se sont formées en même temps entre 470 et 350 millions d'années.

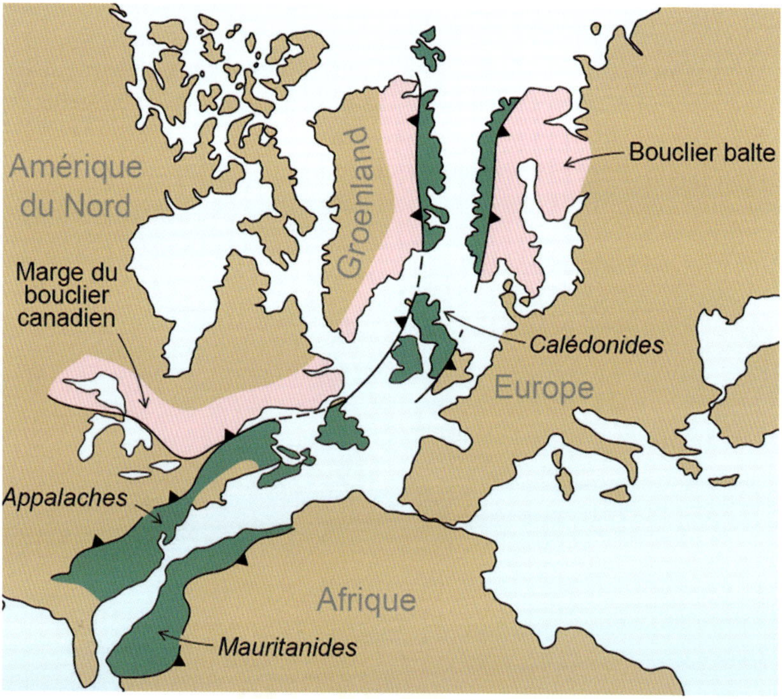

Fig. 65 • Position des chaînes de montagnes de part et d'autre de l'Atlantique avant ses ouvertures (partie centrale puis septentrionale).

En 1929, Wegener réalise son rêve : confirmer sur la base de mesures géodésiques que le Groenland dérive vers l'ouest. Il organise une expédition dans le Groenland. En septembre 1930, il part secourir une partie de l'équipe avec quelques compagnons. Ceux qui ont voulu aller jusqu'au bout ne reviendront pas. On a retrouvé le corps de Wegener plusieurs mois plus tard, le 8 mai 1931, à mi-chemin, à un endroit indiqué par ses skis, gisant sous sa tente dans un sac de couchage et enveloppé dans une peau de renne. Ses yeux étaient ouverts, visage détendu. On suppose que Wegener est mort d'un arrêt cardiaque à la suite d'un effort physique trop intense.

Wegener est mort sans avoir connu la gloire qu'il eût méritée. Il lui manquait le « moteur » susceptible d'assurer la dérive des plaques et pourtant… ce moteur avait été publié à la fin du XIXe siècle avec les cellules de convection de John Perry (voir § 9.2).

« Ce qui a fait le succès de la théorie de la tectonique des plaques par rapport à la dérive des continents de Wegener, c'est que la nouvelle théorie ne se préoccupait pas de la question du moteur mais uniquement des faits géométriques et cinématiques et que ceux-ci étaient vérifiables. » [13]

La dérive des continents : physiquement impossible, et pourtant…

Les interprétations données par la science, à la différence du dogme, fluctuent au gré des découvertes. Ces modifications de conception font les délices des historiens des sciences qui s'interrogent sur l'aspect culturel d'une nouvelle conception, ou au contraire, sur un certain immobilisme, sur la palétiologie, etc.

Au milieu du XXe siècle : Xavier Le Pichon a démontré dans sa thèse de physique soutenue à Strasbourg en 1966, que la dérive des continents était impossible. Sa démonstration était logiquement exacte et géologiquement fausse. Le Pichon écrira[14] : « Je fis de ce désaccord quantitatif l'argument central qui me conduisait à rejeter l'hypothèse du renouvellement océanique de Harry Hess. […] L'encre de ma thèse venait à peine de sécher que sa principale conclusion s'écroulait » (p. 41-43).

13. Pr Laurent Jolivet, communication personnelle, août 2014.

14. Le Pichon Xavier (1986). *Kaiko, voyage aux extrémités de la mer*, Paris, Odile Jacob, 246 p.

On sait qu'il est devenu par la suite l'un des principaux chantres de cette théorie. Une belle illustration de ce qu'est la science : une perpétuelle remise en question des faits, des interprétations, de soi…

Il faut donc parfois se renier pour pouvoir avancer et ce n'est pas forcément une frustration, X. Le Pichon dit d'ailleurs lui-même : « La science n'est pas, comme on l'imagine trop souvent, ce musée glacé où trônerait la Déesse Raison. » Nous la considérons plutôt comme une histoire policière : il faut suivre des pistes, le plus rigoureusement possible et de temps en temps, quand les faits y invitent, savoir changer de piste, avec la même rigueur. Qui trouve un (bon) polar ennuyeux ?

Glossaire

Accrétion

Processus d'agglomération de matière qui aboutit à l'augmentation de la masse d'un corps, par exemple d'un continent par accotement.

Basalte

Roche volcanique due à la consolidation de laves issues de la fusion partielle du manteau. Un des constituants de la croûte océanique.

Basalte en coussins, aussi appelé *Pillow basalts* : roche formée par l'arrivée de laves en fusion dans l'eau. Le refroidissement est tellement rapide qu'il se forme des sortes de gouttes, de baudruches souples ; l'extérieur est un verre figé alors que l'intérieur est encore liquide. On arrive ainsi à un empilement de boules en forme de coussins, de quelques décimètres à plusieurs mètres.

Benthos

Ensemble des organismes vivant sur le fond des mers. On distingue l'endobenthos (organismes qui vivent enfouis dans le sédiment) de l'épibenthos (organismes qui vivent sur le fond ou à proximité immédiate du fond).

Biodiversité

Diversité des organismes, classiquement considérée à trois niveaux : diversité génétique (au niveau des individus et des populations), diversité spécifique (richesse, fréquence, abondance des espèces…) et diversité écologique à l'échelle des écosystèmes et des interactions qui les régissent. La biodiversité peut donc être abordée depuis les variants génétiques, jusqu'aux espèces, genres, familles, et catégories taxinomiques de plus haut niveau.

Convection (courant de)

Lent déplacement de matière dans le manteau terrestre, à l'échelle du millier de kilomètres, lié aux échanges de chaleur, contribuant au refroidissement de la planète et moteur du déplacement des plaques.

Dérive des continents

Théorie élaborée en 1912, par Alfred Wegener selon laquelle les continents flottent à la surface d'un magma et se laissent dériver. De nombreux indices lui ont permis de formuler cette théorie (côtes orientale de l'Amérique du Sud et occidentale d'Afrique complémentaires ; mêmes fossiles de part et d'autre de l'Atlantique au niveau de l'Afrique et du Brésil). Le seul point faible de sa théorie était le moteur de la dérive. D'après Wegener, il s'agissait de la force de Coriolis (due à la rotation de la Terre). La théorie de la dérive des continents a depuis été affinée en modèle de tectonique des plaques.

Discontinuité de Mohorovicic (= Moho)

Zone frontière entre la croûte terrestre et le manteau. Cette discontinuité, située à une profondeur moyenne de 30 kilomètres, est marquée par la réflexion et la réfraction des ondes sismiques.

Dorsale océanique (= ride médio-océanique)

Zone de relief qui court sur le fond des océans et qui correspond à la frontière divergente entre plaques tectoniques océaniques. Exemple : dorsale médio-Atlantique.

Dorsale (ou ride)

Terme général désignant un relief sous-marin allongé dont la crête culmine vers 2 500 m de profondeur. Celle de l'Atlantique est en son centre, elle est alors appelée médio-océanique, où elle évoque une épine dorsale, d'où le nom. Elle affleure en quelques endroits (Islande, Açores). À son axe, se forme la croûte océanique, qui s'en écarte de part et d'autre.

Expansion océanique (en anglais, *sea floor spreading*)

Mécanisme de formation de la croûte océanique au niveau des dorsales. La remontée de magma mantellique le long des rides médio-océaniques provoque l'élargissement des fonds océaniques et par là, l'écartement des plaques tectoniques.

Fondant

Un fondant est un produit permettant d'abaisser la température de fusion d'un ou plusieurs éléments ou composés chimiques. Dans un haut-fourneau, outre le minerai de fer et du coke, on introduit du fondant. En géologie, la subduction de la croûte océanique sous la lithosphère continentale amène en profondeur des roches riches en eau (éclogites). Ces éclogites libèrent de l'eau au niveau du manteau lithosphérique (environ 80 km) et les roches du manteau (péridotites) rentrent alors en fusion, ce qui induit un volcanisme de subduction. On qualifie alors l'eau, ici, de fondant car elle permet de faire rentrer en fusion des péridotites qui anhydres, n'auraient pas été capables de rentrer en fusion.

Glossoptéridales

Du nom du genre *Glossopteris*. Plantes ayant vécu de la fin du Carbonifère à la fin du Trias (250-210 Ma), caractéristiques du Gondwana. Ces plantes portent des feuilles entières, à nervation réticulée, insérées en groupe à l'extrémité des rameaux. Les ovules sont groupés dans des structures diverses, portées par le rachis de la feuille.

Gondwana

Continent qui regroupait l'Afrique, l'Amérique du Sud, l'Inde, l'Australie, Madagascar et l'Antarctique, à la fin du Paléozoïque et au début du Mésozoïque. Il correspond à l'une des deux parties de la Pangée éclatée, l'autre étant la Laurasie.

Graine

En géologie, enveloppe la plus interne de la Terre, correspondant au noyau interne. En botanique, structure qui abrite l'embryon (chez les Spermatophytes).

Hot spot (Voir Point chaud).

Laurasie (= Laurasia)

Au Mésozoïque, masse continentale regroupant l'Amérique du Nord et l'Eurasie, située dans l'hémisphère nord. Résulte de la fragmentation de la Pangée en Gondwana (au sud) et Laurasia (au nord).

Laurentia

Au Paléozoïque inférieur, paléocontinent regroupant principalement l'Amérique du Nord et le Groënland. Au Silurien, la Laurentia s'est trouvée réunie avec la Baltica et l'Avalonia pour former la Laurussia.

Laurussia

À partir du Silurien, paléocontinent regroupant la Laurentia, la Baltica et l'Avalonia et correspondant à l'Amérique du Nord, au Groenland, à la Scandinavie et à la Russie. À partir du Carbonifère, la Laurussia est entrée en collision avec le Gondwana pour former la Pangée.

Lithosphère

Désigne l'une des enveloppes concentriques du globe terrestre. La lithosphère, ou sphère rocheuse, correspond à l'ensemble rigide le plus externe de la planète. Elle intègre la croûte et la partie solide du manteau supérieur qui sont séparées par le Moho. La lithosphère est divisée en plaques tectoniques.

Météorite

Roche silicatée qui vient de l'espace et tombe sur Terre, souvent sous forme de fines poussières ou de grains, parfois sous forme de blocs, certains pouvant atteindre plusieurs tonnes. La Terre n'est finalement formée que de l'accumulation de météorites. Les chutes très abondantes lors de sa formation se raréfient, même si elles continuent depuis lors. La plus célèbre des météorites est celle de Chicxulub qui est tombée il y a 65 millions d'années et qui pourrait être une des causes de l'extinction Crétacé-Tertiaire. En France, la plus importante est celle qui a laissé la trace d'un cratère de plus de 20 km de diamètre à Rochechouart dans le Limousin.

Noyau

En biologie, élément de la cellule eucaryote qui renferme l'essentiel du support génétique (génome nucléaire distribué sur les chromosomes). Le noyau cellulaire est entouré d'une double membrane, l'enveloppe nucléaire. En géologie, enveloppe la plus interne de la Terre. On distingue un noyau externe liquide et un noyau interne (ou graine) solide, les deux étant constitués essentiellement de fer et de nickel.

Panache

Lente montée de matière chaude à travers le manteau, depuis sa base jusqu'à la surface où naît un « point chaud ».

Pangée

Supercontinent qui regroupait, à la fin du Paléozoïque, la quasi-totalité des terres émergées de la planète. (Pan = tout + Geo = terre). La Pangée s'est ensuite fragmentée en deux masses principales : le Gondwana au sud et la Laurasie au nord.

Panneau

Désigne un élément ayant une grande surface et une épaisseur relativement réduite. On dit aussi une plaque, mais en géologie le panneau désigne plus souvent une partie d'une plaque tectonique, notamment la partie plongeante.

Plaine abyssale

Partie de l'océan plus ou moins plate située à des profondeurs généralement supérieures à 2 000/3 000 m. La plaine abyssale fait suite au talus continental.

Point chaud

En biologie, région à très forte richesse en espèces. En géologie, point du globe où sont émises de grandes quantités de laves très fluides. Les points chauds correspondent à la trace en surface d'une zone du manteau où la température est plus élevée que dans les secteurs situés à la même profondeur. Les matériaux de ces zones, moins denses, remontent en formant un panache mantellique. Certains points chauds, ayant fonctionné de manière particulièrement intense, sont supposés être à l'origine de grandes crises de la biodiversité. (*Voir Hot Spot*).

Polarité normale/inverse du champ magnétique terrestre

Le champ magnétique terrestre, dipolaire, fluctue au cours des temps géologiques entre deux états de polarité. L'état actuel où le pôle nord du dipôle magnétique correspond à peu près avec le pôle sud géographique est dit de polarité normale ; l'autre état où le pôle nord magnétique coïncide avec le pôle nord géographique est la polarité inverse.

Ride médio-océanique

Voir dorsale médio-océanique.

Rift

Zone étroite et allongée résultant de l'effondrement entre des failles. Parfois le siège d'un écartement des plaques de part et d'autre.

Serpentine, serpentinite

Matériau vert sombre à vert-jaunâtre, veiné de blanc, résultant de l'altération hydrothermale (hydratation de l'olivine) des péridotites. Leur nom leur vient d'une ressemblance avec une peau de serpent. Souvent utilisé comme pierre de parement (magasin, comptoirs ...).

Spéciation

Processus de formation (de différenciation) d'une nouvelle espèce. Il existe de multiples modalités de spéciation.

Spéciation allopatrique

Synonyme de spéciation géographique. Différenciation d'une nouvelle espèce par isolement géographique. La mise en place d'une barrière physique dans l'aire de distribution d'une espèce (fleuve, chaîne de montagne… en domaine continental ; isthme, détroit… en domaine marin) isole deux sous-ensembles entre lesquels le flux génique est interrompu. La spéciation allopatrique concerne aussi bien une séparation en deux grands sous-ensembles que l'isolement de populations marginales de petite taille.

Spéciation sympatrique

Différenciation d'une nouvelle espèce sans isolement géographique (l'espace ne joue aucun rôle).

Subduction

Engloutissement de la partie d'une plaque océanique sous une autre plaque dont la lithosphère est océanique ou continentale.

Talus continental

Pente raide qui fait la transition entre le plateau continental et la plaine abyssale. Concerne généralement des profondeurs comprises entre 20 m et 1 500/2 000 m.

Tectonique

Étude des déformations affectant les roches après leur dépôt (failles, plis…).

Tectonique des plaques

Modèle de structuration de la lithosphère et du fonctionnement interne de la Terre. Ce modèle, né de l'exploration du fond des océans dans les années 1970, est une simple amélioration du principe de la dérive des continents formulée dès 1912 par Wegener. La lithosphère est divisée en plaques lithosphériques délimitées par des frontières (zones d'accrétions médio-océaniques, de subductions, ou d'obductions). Les échanges thermiques entre l'intérieur et l'extérieur de la Terre (mouvements de convection qui affectent le manteau) sont le moteur des déplacements des plaques.

Tethys

Océan disparu de l'ère secondaire, situé grossièrement entre l'Eurasie et l'Afrique.

Trapps

Les trapps (escalier en suédois) sont d'épais dépôts de basalte couvrant de très vastes étendues. Leur mise en place s'est faite par épanchement fissural d'un magma mantellique, liée à la remontée d'un point chaud. Les laves très fluides s'étendent sur de vastes surfaces. La répétition des épanchements empile les coulées parfois sur plusieurs milliers de mètres. Exemple : les Trapps du Deccan en Inde ou ceux de Sibérie.

Valse des continents

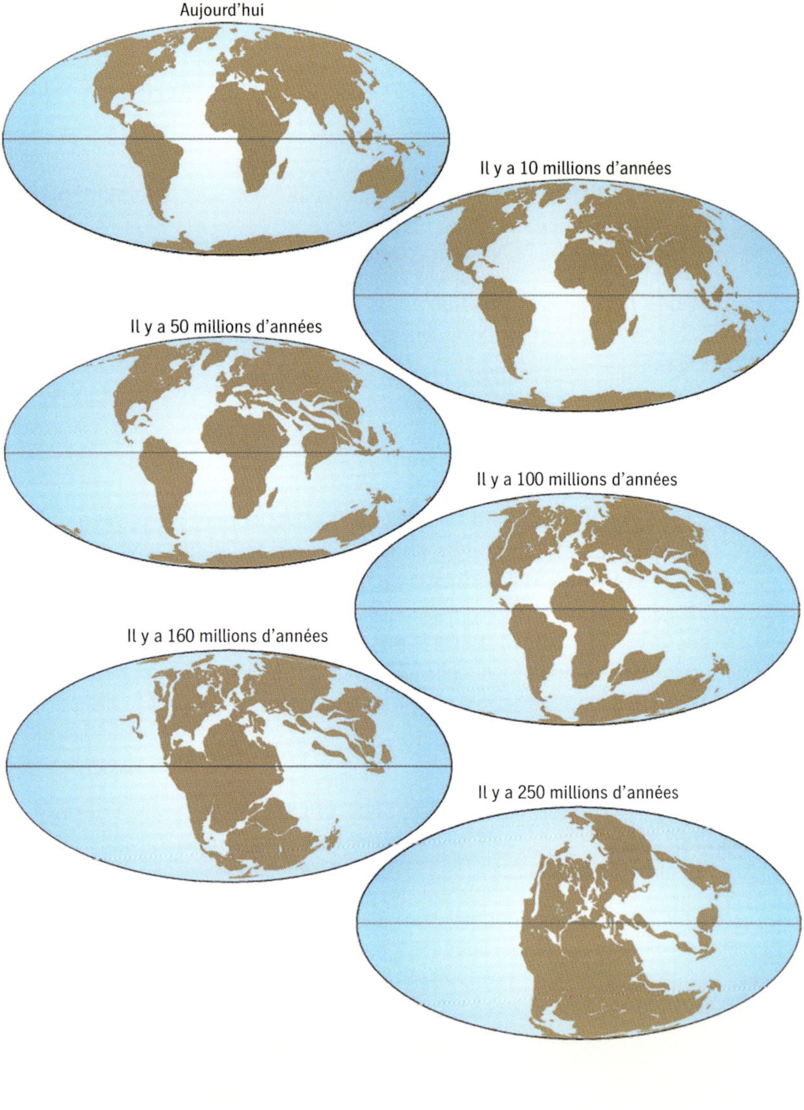

depuis 500 millions d'années

Il y a 310 millions d'années

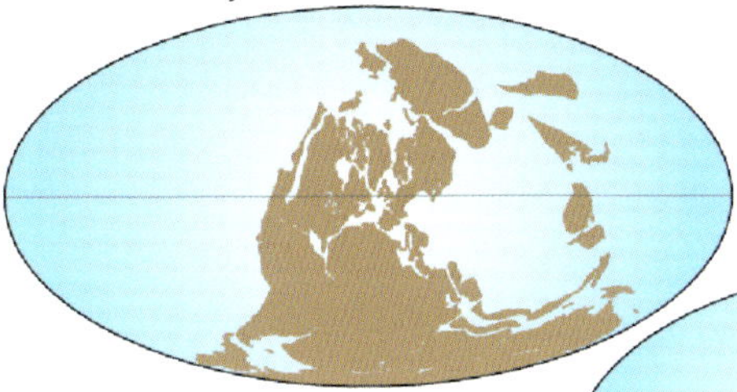

Il y a 360 millions d'années

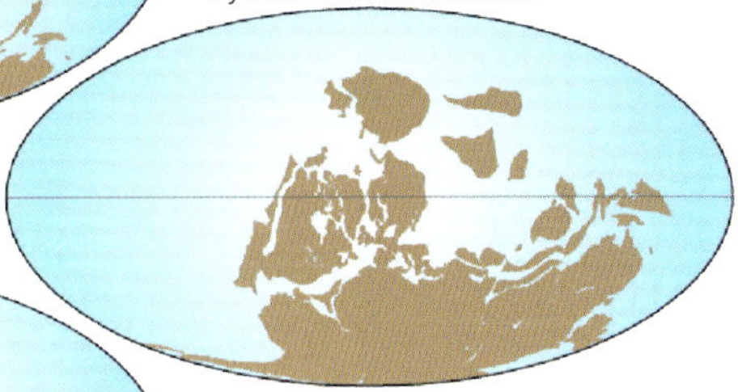

Il y a 390 millions d'années

Il y a 410 millions d'années

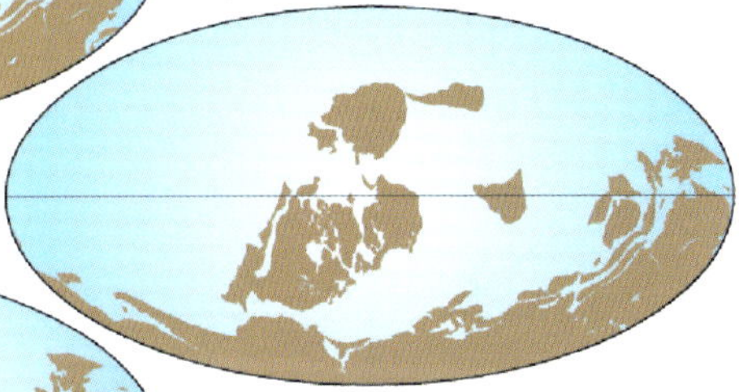

Il y a 440 millions d'années

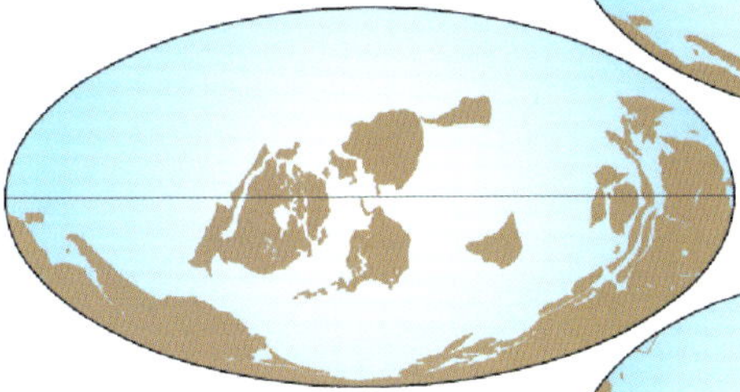

Il y a 500 millions d'années

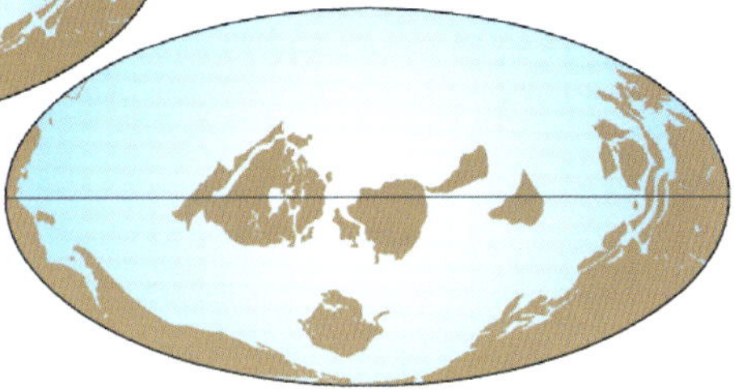

Orientations bibliographiques

- Avouac J.-Ph. & De Wever P. (dir.) (2002). *Himalaya-Tibet : le choc des continents*. CNRS-MNHN, 192 pages.
- Daniel J.-Y. (Coord.), Hoffert M., Schaaf A., Tardy M., Baldeyrou Bailly A., Merzeraud G., Brahic A., & Maury R. (2014). *Sciences de la terre et de l'univers*. Vuibert, 832 pages.
- Gargaud M. *et al.* (2009). *Le soleil, la Terre, la vie*. Belin, 304 pages.
- Jolivet L. *et al.* (2008). *Géodynamique méditerranéenne*. SGF/Vuibert, 232 pages.
- Lemoine M., de Graciansky P.-C. & Tricart P. (2000). *De l'océan à la chaîne de montagne*. SGF/G&B, 207 pages.
- Robert C. & Bousquet R. (2013). *Géosciences, la dynamique du système Terre*. Belin, 1159 pages.
- Vrielynck B. & Bouysse Ph. (2001). *Les visages changeants de la Terre*. CCGM, 30 pages.

Index

Livres des mêmes auteurs

- **De Wever P.**, De Wever M.-J. & Duclos J.-L. (1990). *Ormoy-la-Rivière. Un village de l'Étampois*. CAHOR, Ormoy-la-Rivière, 408 pages.
- **Duranthon F.** (1998). *Minéraux du monde*. Éditions Milan, 48 pages.
- Aubourg C., Daniel J.-Y., **De Wever P.** *et al.* (2000). *Problèmes résolus des Sciences de la Terre et de l'Univers*. Vuibert, 360 pages.
- **De Wever P.**, Dumitrica P., Caulet J.-P., Nigrini C. & Caridroit M. (2001). *Radiolarians in the sedimentary record*. Gordon & Breach Science Publ., 534 pages.
- Avouac J.-Ph. & **De Wever P.** (2002). *Himalaya-Tibet : Le choc des continents*. CNRS-MNHN Ed., 192 pages.
- **De Wever P.** coord. (2002). *Le temps mesuré par les sciences, l'homme à l'échelle géologique*. Vuibert/MNHN Ed., 130 pages.
- **De Wever P.** *et al.* (2003). *Le volcanisme, cause de mort & source de vie*. Vuibert/MNHN Ed., 344 pages.
- **Duranthon F.** (2003). *Roches et minéraux*. Éditions Milan, 32 pages.
- **Duranthon F.** (2004). *Histoires de Dinosaures*. Éditions Bréal, 192 pages.
- **Duranthon F.** (2004). *Les dinosaures et leurs cousins*. Éditions Milan, 32 pages.
- **De Wever P.**, Guiraud M. & Cornee A. (2004). *Des collections en sciences de la Terre, pour quoi faire ?* OCIM-MNHN Ed., 166 pages.
- **Duranthon F.** (2005). *Fossiles d'Europe*. Éditions Milan, 40 pages.
- **Duranthon F.** (2005). *CD Histoires de Dinosaures*. Éditions De vive Voix.
- **Duranthon F.** (2006). *Histoires de Mammifères*. Éditions Bréal, 224 pages.
- **De Wever P.**, Labrousse L., Raymond D. & Schaaf A. (2006). *La mesure du temps dans l'histoire de la Terre*. SGF-Vuibert Ed., 132 pages.

- **De Wever P.**, Le Nechet Y. & Cornee A. (2006). *Vade-Mecum pour l'inventaire du patrimoine géologique.* SGF, mém. HS n°12, 162 pages.
- Billet G., Bonnefoy B., **De Wever P.**, Houssaye A. & Merle D. (2008). *Promenade géologique à Étampes.* MNHN-Biotope-BRGM Ed., 28 pages.
- **Duranthon F.** (2009). *Minéraux, roches et fossiles.* Éditions Milan, 64 pages.
- **De Wever P.**, David B. & Neraudeau D. (2010). *Paléobiosphère : regards croisés des sciences de la vie et de la Terre.* MNHN-Vuibert-SGF Ed., 816 pages.
- **De Wever P.**, Merle D., Bonnefoy B. & Billet G. (2010). *Promenade géologique à Milly-la-Forêt.* MNHN-Biotope-BRGM Ed., 28 pages.
- Egoroff G., **De Wever P.**, Merle D. & Métivier B. (2011). *Promenade géologique à Dourdan.* MNHN-Biotope-BRGM Ed. , 28 pages.
- **De Wever P.** (2012). *Carnet de curiosité d'un géologue.* Ellipses, 360 pages.
- **De Wever P.** (2012). *Temps de la Terre, temps de l'Homme.* Albin Michel, 216 pages.
- Mauriaud P., Breton P. & **De Wever P.** (2012). *Faim de pétrole.* EDP Science, 224 pages.
- **De Wever P.** (2013). *Carnet de curiosité d'un géologue et autres brèves de laboratoire.* Ellipses, 354 pages.
- **De Wever P.** (2014). *Le beau livre de la Terre.* Dunod, 416 pages.
- **De Wever P.** (2015). *L'eau de vie.* EDP Sciences, coll. Terre à portée de main, 80 pages.
- **De Wever P.** & David B. (2015). *La biodiversité de crise en crise.* Albin Michel, 310 pages.

Dépôt légal : février 2015 N° imprimeur : 021550511
Imprimé en France par Présence Graphique - Monts.